Christine und Markus Meißner

»In der Freiheit der Berge . . .«
Auf Goethes Spuren im Harz

W0356439

Abb. 1 · Perspektivische Darstellung des Harzes
mit dem Blocksberg

CHRISTINE UND MARKUS MEISSNER

»In der Freiheit der Berge«

AUF GOETHES SPUREN IM HARZ

Nationale Forschungs- und Gedenkstätten der klassischen deutschen Literatur in Weimar

© 1989 NFG WEIMAR

Goethes Besuche und Studien im Harz werden im folgenden vor allem aus naturwissenschaftlicher Sicht geschildert. Denn Goethe beschäftigte sich im Harz vornehmlich mit geologischen und bergbaulichen Problemen. Das Buch wendet sich nicht nur an Goethefreunde, sondern möchte auch dem Wanderer im Harz einige Hinweise zum Wirken Goethes geben. Wir wollen nach Antworten auf die Fragen suchen, warum Goethe in den Harz kam, womit er sich hier beschäftigte, wie seine Reisen durch das Gebirge verliefen, welchen Ertrag sie ihm brachten.

Wir werden uns nur mit einem kleinen Teil des universalen Werkes Goethes beschäftigen können. Der Dichter, der Naturforscher, der Zeichner und der Staatsmann Goethe bedingen einander. Sein gesamtes Werk muß somit immer als eine Einheit angesehen werden. Deshalb sollen natürlich auch immer die Zusammenhänge zu anderen Tätigkeiten Goethes deutlich werden, denn seine naturwissenschaftlichen Arbeiten dürfen nicht losgelöst von seinem gesamten Schaffen betrachtet werden. Bei aller Bewunderung für sein Werk werden wir uns dabei auch mit Goethes Irrtümern auseinandersetzen.

Johann Wolfgang Goethe weilte insgesamt fünfmal im Harz, wobei den ersten drei Harzreisen die größere Bedeutung zukommt. Sie trugen den Charakter von Studienreisen, auf denen er seine geologischen und bergbaulichen Kenntnisse durch eigene Anschauungen und Untersuchungen vertiefen und erweitern wollte. Diese Besuche übten auf ihn einen nachhaltigen Einfluß aus. Sie bestimmten sein Wirken auf dem Gebiet der Geologie und Mineralogie mit, fand aber auch in seinen Bemühungen um die Farbenlehre und in seinem literarischen Schaffen ihren Niederschlag. Trotzdem hat er uns über viele seiner anderen Reisen weit ausführlichere Berichte hinterlassen, z. B. über die italienische Reise oder die Kampagne in Frankreich. Zu seinen Aufenthalten im Harz fallen die Reiseberichte viel spärlicher aus.

Über seine erste Harzreise 1777 berichtete er innerhalb der ›Kampagne in Frankreich 1792‹ erst 1822, aus einem Abstand von 45 Jahren. Weitere Zeugnisse sind seine Tagebuchaufzeichnungen und die Briefe an Charlotte von Stein. 1783 und 1784 führte er kein Tagebuch, es stehen uns also nur seine Briefe zur Verfügung. Während seiner dritten Harzreise 1784 legte sich Goethe jedoch ein ›Geognostisches Tagebuch‹ mit Eintragungen über die geologischen Verhältnisse und seine Beobachtungen dazu an. Der Maler Kraus hielt dafür geologisch markante Punkte im Bild fest.

Nach 1784 kam Goethe nur noch zu zwei kurzen Abstechern in den Harz. Seine Reisen führten ihn in der folgenden Zeit für fast zwei Jahre nach Italien und zu Badeaufenthalten vor allem in die böhmischen Bäder Karlsbad und Marienbad.

Warum Goethe nicht noch öfter in den Harz kam, läßt sich allenfalls vermuten. Unbestritten ist dagegen, daß er seinen Reisen in den Harz eine Vielzahl von Erlebnissen und grundlegende naturwissenschaftliche Erkenntnisse verdankte. Über die einzelnen Harzreisen soll im folgenden ausführlicher berichtet werden.

Die erste Harzreise

Zum ersten Mal kam Goethe im Dezember 1777 in den Harz. Seit zwei Jahren lebte er in Weimar, er war inzwischen Geheimer Legationsrat mit Sitz und Stimme im Geheimen Consilium, der obersten Regierungsbehörde des Herzogtums. Seit knapp einem Jahr war er mit der Leitung der Bergwerkskommission betraut. Gemeinsam mit Herzog Carl August wollte er die Finanzprobleme des Landes vor allem durch die Entwicklung der Wirtschaft lösen. Unter anderem sollte versucht werden, den Bergbau im Ilmenauer Revier am Nordrand des Thüringer Waldes wieder in Gang zu bringen. Die vielfachen Amtsgeschäfte beanspruchten einen großen Teil seiner Zeit.

Über die Gründe für seinen ersten Besuch im Harz schrieb Goethe rückblickend 1822 in der ›Kampagne in Frankreich‹: *»Da ward nun zu Ende Novembers eine Jagdpartie auf wilde Schweine . . . im Eisenachischen unternommen, der ich, als damaliger Gast, auch beizuwohnen hatte; ich erbat mir jedoch die Erlaubnis, nach einem kleinen Umweg mich anschließen zu dürfen. [–] Nun hatte ich einen wundersamen geheimen Reiseplan. Ich mußte nämlich . . . öfter den lebhaften Wunsch hören, es möge doch das Ilmenauer Bergwerk wieder aufgenommen werden. Nun ward von mir, der ich nur die allgemeinsten Begriffe vom Bergbau allenfalls besaß, zwar weder Gutachten noch Meinung, doch Anteil verlangt, aber diesen konnt' ich an irgendeinem Gegenstand nur durch unmittelbares Anschauen gewinnen. . . . Deshalb hatt' ich mir längst eine Reise auf den Harz gedacht . . . Alles Winterwesen hatte überdies in jener Zeit für mich große Reize, und was die Bergwerke betraf, so war ja in ihren Tiefen weder Winter noch Sommer merkbar . . .«* (Wa I 33, 214)

Besonders der Bergbau im Westharz, der nach jahrelangen Schwierigkeiten zu einer neuen Blüte gelangt war, genoß zu jener Zeit in technischer und organisatorischer Hinsicht einen sehr guten Ruf.

Am 29. November 1777 brach Goethe in Weimar auf. Er ritt bei stürmischem Wetter über den Ettersberg, war mittags in Weißensee und mußte in Greußen übernachten, weil es Nacht wurde. Am nächsten Morgen ging es schon früh weiter. In seinem Tagebuch berichtete er von einem herrlichen Sonnenaufgang. In der Nähe von Sondershausen sah er für einen kurzen Augenblick die Spitze des Brockens. Gegen Mittag begann es jedoch zu regnen. Weiter führte der Weg über Sundhausen und Nordhausen nach Niedersachswerfen (Goethe schrieb im Tagebuch ›Sachswerben‹), wo er sich einen Boten mit einer Laterne nehmen mußte, um in der inzwischen hereingebrochenen Dunkelheit nach Ilfeld zu gelangen. Dort übernachtete er im Gasthof ›Goldene Krone‹ (heute FDGB-Heim). Ilfeld hatte damals etwa 600 Einwohner. Am nächsten Morgen, dem 1. Dezember, ging es weiter nach Elbingerode, das er wiederum in Begleitung eines ortskundigen Führers schon mittags erreichte. Friedrich Dennert ist der Meinung, daß Goethe nicht der alten Heerstraße über Hasselfelde folgte, sondern mit dem Führer den kürzeren Weg über Sophienhof, Trautenstein und die Trogfurter Brücke geritten sei.[1]

In Elbingerode nahm er Quartier und verbrachte den Nachmittag in der Baumannshöhle in Rübeland. Die Höhle beeindruckte ihn so, daß er sich auch noch den ganzen nächsten Tag dort aufhielt. Da das kleine Harzdorf Rübeland mit seinen rund 250 Einwohnern wahrscheinlich keine geeignete Unterkunft bot, übernachtete er nochmals im 3 Kilometer entfernten und weitaus größeren Elbingerode. Die Höhle zählte neben dem Brocken zu den außergewöhnlichen Sehenswürdigkeiten des Harzes. Sie wurde schon in der ersten Hälfte des 16. Jahrhunderts entdeckt und ist seit 1668 gangbar. Zu Goethes Zeit war sie die einzige bekannte Tropfsteinhöhle Deutschlands (auf die Hermannshöhle stieß man erst 1866 bei Straßenbauarbeiten). Höhlenführer waren für ihre Erschließung verantwortlich, sie begleiteten die Besucher gegen ein Entgeld. Der damalige Zustand der Höhle ist mit dem heutigen Ausbau nicht vergleichbar. Auch Goethe mußte noch Teile der Höhle durchklettern bzw. durchkriechen. Eine Führung durch die Höhle dauerte in der Regel etwa eine Stunde, Goethe verweilte jedoch fast zwei Tage dort. In seinem ersten Brief aus dem Harz schrieb er am 2. Dezember begeistert an Charlotte von Stein: *»Nur die Freude, die ich habe wie ein Kind, sollten Sie im Spiegel sehn können! Wie doch nichts abenteuerlich ist als das Natürliche . . .*

Abb. 2 · Vue de Brocken ou de Blocksberg

Heut wie ich auf einer Klippe saß – Sie sollen sie sehn –, wo mich Götter und Menschen nicht gesucht hätten. Ich zeichne wieder den ganzen Tag und werde doch nichts mitbringen, wie gewöhnlich.« (WA IV 3, 189) Goethe war begeistert von den Naturgebilden; ihre Entstehung und ihr geologischer Bau interessierten ihn zu diesem Zeitpunkt jedoch nur wenig.

Am 3. Dezember ging die Reise weiter nach Wernigerode. Goethe übernachtete im (heute nicht mehr bestehenden) Wirtshaus ›Zur Goldenen Forelle‹ am Markt. Es war sein einziger Aufenthalt in dieser Stadt, die zur damaligen Zeit etwa 3 500 Einwohner zählte. In der ›Kampagne in Frankreich‹ führte Goethe als einen der gewichtigsten Gründe für seine winterliche Reise in den Harz den Besuch bei seinem ›wunderlichen Korrespondenten‹ Plessing in Wernigerode an (WA I 33, 214). Viktor Leberecht Plessing, wie Goethe 1749 geboren, wohnte nach einem abgebrochenen Studium wieder in seinem Elternhaus in Wernigerode. Die Lektüre zeitgenössischer Literatur, darunter auch Goethes ›Werther‹, hatte seinen Hang zu Schwermut und Zweifel begünstigt. Mitte des Jahres 1776 wandte Plessing sich in einem langen Brief an Goethe. Dieser und ein weiterer Brief blieben jedoch unbeantwortet. Goethe schrieb darüber aus dem Abstand von 45 Jahren, daß die Briefe zwar seine Anteilnahme geweckt hätten, daß ihm aber auch dieser ›wiederholte Sturm‹ (WA I 33, 220) nicht sehr zu Herzen gegangen wäre; dennoch ließ ihn seine *»Gewohnheit, jungen Männern ... in Herzens- und Geistesnöten beizustehen, ... sein ... nicht ganz vergessen«*. (WA I 33, 213) Da er Plessing nicht nach Weimar einladen wollte, nutzte er die Gelegenheit der Harzreise, um mit ihm zu sprechen. Goethe gab sich als Gothaer Maler aus, der mit den Verhältnissen am Weimarer Hof vertraut sei. Er schilderte viele Weimarer Persönlichkeiten und kam nicht umhin, auch das ›seltsame Individuum‹ Goethe zu beschreiben. Plessing bemerkte zu Goethes Verwunderung nicht, *»daß der vor ihm stehende Gast sich selbst schildere«*, und beklagte zutiefst, daß er auf seine Briefe keine Antwort erhalten hatte. (WA I 33, 220) Im Verlauf des Gesprächs wurde Goethe der *»bedauernswürdige Zustand dieses jungen Mannes immer deutlicher«: »... er hatte nämlich von der Außenwelt niemals Kenntnis genommen, dagegen sich durch Lektüre mannichfaltig ausgebildet, alle seine Kraft und Neigung aber nach innen gewendet und sich auf diese Weise, da er in der Tiefe seines Lebens kein produktives Talent fand, so gut als zugrunde gerichtet; wie ihm denn sogar Unterhaltung und Trost ... völlig abzugehen schien.«* (WA I 33, 222 f.) Goethes ›Therapieversuche‹ wurden so entschieden zurückgewiesen, daß er Plessing verlassen mußte, ohne ihm in seiner depressiven Gemütsverfassung helfen zu können.

Plessings weitere Entwicklung verlief besser, als es nach Goethes Eindruck bei diesem Besuch hätte sein müssen. Er promovierte 1783 in Königsberg zum Doktor der Rechte und besuchte im selben Jahr Goethe kurz in Weimar. 1788 wurde er als Professor an die Universität Duisburg berufen, wo er bis zu seinem Tod im Jahr 1806 lebte. Goethe suchte ihn 1793 nach dem Frankreichfeldzug dort auf.

Am 4. Dezember ritt Goethe über Ilsenburg nach Goslar, immer am Nordrand des Gebirges entlang. Abends schrieb er an Charlotte von Stein: *»Ein ganz entsetzlich Wetter hab ich heut ausgestanden, was die Stürme für Zeugs in diesen Gebürgen ausbrauen, ist unsäglich ... [–] Hier bin ich nun wieder in Mauern und Dächern des Altertums versenkt.«* (WA IV 3, 190 f.) In Goslar, der alten Reichsstadt, wohnte Goethe im Gasthof Scheffler. Am folgenden Tag besichtigte er das Bergwerk im Rammelsberg, dessen Eingang etwa eine halbe Stunde von Goslar entfernt lag. Der Bergbau wurde vor allem auf Gold, Silber, Kupfer, Blei und Zink betrieben. Die Bedingungen in diesem Bergwerk beschrieb ein Reiseführer aus dem Jahr 1806 wie folgt: *»Sie sind bequem zu befahren, und selbst Frauenzimmer können beträchtliche Teile davon besehen, ohne eine Fahrt oder Leiter steigen zu müssen.«*[2] Im Tagebuch notierte Goethe: *»Früh in Rammelsberg, den ganzen Berg bis ins Tiefste befahren.«* (WA III 1, 56) So konnte er erste Erfahrungen mit dem Harzer Bergbau sammeln.

Am 6. Dezember besuchte Goethe den kleinen Ort Oker in der Nähe von Goslar. Hier interessierten ihn besonders die Hüttenwerke, vor allem die Messinghütte, die er mit dem Zentgenschreiber Volkmar besichtigte. Denn seine Aufmerksamkeit galt nicht nur der Förderung, sondern auch der Verhüttung der Erze, um Kenntnisse für die Wiederaufnahme des Ilmenauer Bergbaus zu sammeln. Am Abend kehrte er nach Goslar zurück. In einem Brief an Charlotte von Stein finden wir seine Gefühle an diesen Tagen beschrieben: *»Ich weiß nun noch nicht, wie sich diese Irrfahrt endigen wird, so gewohnt bin ich, mich vom Schicksale leiten zu lassen, daß ich gar keine Hast mehr in mir spüre ...«* (WA IV 3, 191 f.) Und zwei Tage später schrieb er an Charlotte: *»Mir ist's eine sonderbare Empfindung, unbekannt in der Welt herumzuziehen, es ist mir, als wenn ich mein Verhältnis zu den Menschen und den Sachen weit wahrer fühlte. ... [–] Ich drehe mich auf einem sehr kleinen, aber sehr merkwürdigen Fleckgen Welt herum.«* (WA IV 3, 192 f.) Goethe gab sich hier als Maler Weber aus Darmstadt aus.

Am 7. Dezember ging die Reise weiter nach Clausthal, das damals etwa so viele Einwohner hatte wie Weimar. Goethe übernachtete im Gasthof ›Rathaus‹. Im Tagebuch notierte er: *»Seltsame Empfindung, aus der Reichsstadt, die in und mit ihren Privilegien vermodert, hier herauf zu kommen, wo von unterird'schem Segen die Bergstädte fröhlig nachwachsen.«* (WA III 1, 56) Clausthal war Sitz des kurfürstlichen Bergamtes und mit seinen rund 8 000 Einwohnern die größte der Bergstädte des Oberharzes, aber auch größer als Goslar und Wernigerode. Hier oben – Clausthal liegt etwa 550 Meter über dem Meeresspiegel – hatte es bereits geschneit, und Goethe schrieb am Abend des 7. Dezembers an Charlotte von Stein: *»Schöne Mondnacht und alles weiß im Schnee. Sie sehen wohl, daß ich auf den Bergen bin, weil ich in so wenig Stunden das Klima so sehr verändern kann.«* (WA IV 3, 193)

Am nächsten Tag fuhr er in die Gruben Caroline, Dorothee und Benedicte ein, die durch Stollen in Verbindung standen. An Charlotte von Stein berichtete er erst am folgenden Tag über ein besonderes Ereignis: *»Daß ich jetzt um und in Bergwerken lebe, werden Sie vielleicht schon erraten haben. Gestern Liebste hat mir das Schicksal wieder ein groß Kompliment gemacht. Der Geschworne ward einen Schritt vor mir von einem Stück Gebürg, das sich ablöste, zu Boden geschlagen; da er ein sehr robuster Mann war, so stemmte er sich, da es auf ihn fiel, daß es sich in mehr Stücken auseinanderbrach und an ihm hinabrutschte, es überwältigte ihn aber doch, und ich glaubte, es würde ihm wenigstens die Füße sehr beschädigt haben, es ging aber so hin, einen Augenblick später, so stund ich an dem Fleck, denn es war eben vor einem Ort, den er mir zeigen wollte, und meine schwanke Person hätt es gleich niedergedrückt und mit der völligen Last gequetscht. Es war immer ein Stück von fünf, sechs Zentnern.«* (WA IV 3, 196 f.) Im Gästebuch der Grube Dorothee finden wir Goethes Vermerk: *»Johann Wilhelm Weber aus Darmstadt, den 8. Dezember 1777.«*[3]

Am 9. Dezember besichtigte er am Vormittag die Clausthaler Silberhütte. Nachmittags war er beim Bergkommissionär und Apotheker Johann Christian Ilsemann zu Besuch, der ihm seine wertvolle Mineraliensammlung zeigte. Abends ritt er noch ins 11 Kilometer entfernte Altenau, wo er auch übernachtete. In seinem Tagebuch finden wir: *»Abends nach Altenau, unendlich geschlafen.«* (WA III 1, 56)

Am 10. Dezember brach er schon sehr früh auf, um nach dem Torfhaus, das in rund 800 Meter Höhe liegt, zu gelangen. Es lag tiefer Schnee. Dort kehrte er beim Förster Degen ein, der seit 1765 auf dem Torfhaus wohnte. Das Forsthaus brannte 1869 ab. Der Förster versuchte, Goethe zu erläutern, daß eine Brockenbesteigung zu dieser Jahreszeit und bei Nebel fast unmöglich sei. Als aber die Wolken aufbrachen, erklärte er sich doch bereit, Goethe hinauf zu führen.

Viele Sagen umkreisten schon damals den höchsten Gipfel des Harzes. Auch nach der Christianisierung wurden im Harz weiter heidnische Feste gefeiert. Wahrscheinlich begab man sich dazu in unzugänglichere Gebiete des Gebirges und suchte Verfolger durch Vermummung abzuschrecken. Auch dadurch vielleicht entstand der Glaube an Hexen und Teufel, die sich besonders gern auf dem Brocken aufhalten sollten. Klippen auf seinem Plateau bekamen Namen wie Hexenaltar und Teufelskanzel.

Kurz nach 10 Uhr begannen Goethe und der Förster zum Brocken aufzusteigen. Der Schnee war zu ihrem Glück so verharscht, daß sie nicht einbrachen. Gegen 13.15 Uhr erreichten sie den Gipfel. Goethe schrieb dazu im Tagebuch: *»Heitrer herrlicher Augen-*

blick, die ganze Welt in Wolken und Nebel und oben alles heiter. . . . Um viere wieder zurück. Beim Förster auf dem Torfhause in Herberge.« (WA III 1, 56 f.) Beobachtungen während des Abstiegs vom Brocken, als die Dämmerung schon langsam hereinbrach, beschrieb Goethe dann 1810 im ersten Teil seiner ›Farbenlehre‹. Ganz besonders beschäftigte ihn dabei die Farbe der Schatten während des Sonnenuntergangs: *»Waren den Tag über, bei dem gelblichen Ton des Schnees, schon leise violette Schatten bemerklich gewesen, so mußte man sie nun für hochblau ansprechen, als eingesteigertes Gelb von den beleuchteten Teilen widerschien. [–] Als aber die Sonne sich endlich ihrem Niedergang näherte und ihr durch die stärkeren Dünste höchst gemäßigter Strahl die ganze mich umgebende Welt mit der schönsten Purpurfarbe überzog, da verwandelte sich die Schattenfarbe in ein Grün, das nach seiner Klarheit einem Meergrün, nach seiner Schönheit einem Schmaragdgrün verglichen werden konnte.«* (WA II 1, 35)

Am Abend dieses erlebnisreichen Tages versuchte Goethe, seine Empfindungen und seine Begeisterung brieflich der Freundin in Weimar mitzuteilen: *»Es ist schon nicht möglich, mit der Lippe zu sagen, was mir widerfahren ist, wie soll ich's mit dem spitzen Ding hervorbringen. . . . [–] Ich will Ihnen entdecken (sagen Sie's niemand), daß meine Reise auf den Harz war, daß ich wünschte, den Brocken zu besteigen, und nun Liebste bin ich heut oben gewesen, ganz natürlich, ob mir's schon seit 8 Tagen alle Menschen als unmöglich versichern.«* (WA IV 3, 199 f.)

Am Morgen des 11. Dezembers brach er früh vom Torfhaus auf, um über die Lerchenköpfe, an der Steilen Wand entlang und über die Lilienkuppe wieder nach Altenau zu gelangen. Von dort aus ging es gleich weiter nach Clausthal, wo er auch über Nacht blieb.

Am nächsten Morgen machte er sich bereits 6.30 Uhr auf den Weg. Über das Dammhaus, am Bruchberg entlang und am Forsthaus Schluft vorbei gelangte er nach St. Andreasberg. Die in rund 600 Meter Höhe gelegene Bergstadt hatte damals etwa 1 800 Einwohner, ihre Silbergruben sollen die reichsten des ganzen Harzes gewesen sein. Goethe benötigte für die ungefähr 20 Kilometer von Clausthal bis St. Andreasberg viereinhalb Stunden. Im Tagebuch vermerkte er, daß er den größten Teil der Strecke zu Fuß zurücklegen mußte. Am Nachmittag besichtigte er die Gruben Samson, Neufang und Gottes Gnade. Die Nacht verbrachte er im Gasthof ›Rathaus‹.

Am 13. Dezember ging es *»früh 6. in Nacht und glättendem Nebel herab, durch Tal nach Lauterberg, war schon feuchter, doch noch Schnee«* (WA III 1, 57). In der Königshütte, wo er sich während des Fütterns seines Pferdes etwas umschaute, fiel ihm *»was ins linke Aug«*. Trotzdem setzte er seine Reise in Richtung Duderstadt fort und verließ nun das winterliche Gebirge. *»Abends 4 in Duderst., mußte das Aug verbinden, legte mich vor Langerweile schlafen«* (WA III 1, 57), vermerkte er im Tagebuch. Am nächsten Tag ritt er weiter bis nach Mühlhausen, und am 15. Dezember traf er mit einer Postkutsche gegen 11 Uhr in Eisenach beim Herzog und der Jagdgesellschaft ein.

Goethes winterliche Reise in den Harz war damit beendet. Sie hatte ihm herrliche Naturerlebnisse beschert. Durch den Besuch in mehreren Bergwerken und Hütten hatte er sein Wissen über bergbauliche Fragen bedeutend erweitern können. Außerdem brachte er das Gedicht ›Harzreise im Winter‹ mit nach Hause, in dem er viele seiner Eindrücke auf der Reise durch das verschneite Gebirge geschildert und eine Bestimmung seiner Existenz gegeben hat.

Von der nachhaltigen Wirkung dieser Reise auf den jungen Dichter und Staatsminister zeugt ein Brief, den er am 5. August 1778, acht Monate nach seinem Besuch im Harz, an seinen Freund Merck sandte: *»Von meinen Reisen muß ich Dir auch was sagen. Letzten Winter hat mir eine Reise auf den Harz das reinste Vergnügen geben. Du weißt, daß so sehr ich hasse, wenn man das Natürliche abenteuerlich machen will, so wohl ist mir's, wenn das Abenteuerlichste natürlich zugeht. Ich machte mich allein auf, etwa den letzten November, zu Pferde, mit einem Mantelsack und ritt durch Schloßen, Frost und Kot auf Nordhausen den Harz hinein in die Baumannshöhle, über Wernigerode, Goslar auf den hohen Harz . . . und überwand alle Schwierigkeiten und stand den 8. Dez., glaub ich, Mittags um eins auf dem Brocken oben in der heitersten, brennendsten Sonne, über dem anderthalb Ellen hohen Schnee, und sah die Gegend von*

Abb. 3 · Brocken im Mondlicht

Teutschland unter mir alles von Wolken bedeckt ... Da war ich vierzehn Tage allein, daß kein Mensch wußte, wo ich war.« (WA IV 3, 238 f.)

Die zweite Harzreise

Zum zweiten Mal kam Goethe im September 1783 in den Harz. In den Jahren seit seinem ersten Aufenthalt hatte er 1778 gemeinsam mit Herzog Carl August Berlin und Potsdam besucht, und 1779 waren beide in die Schweiz gereist. In der Schweiz begann Goethe, sich tiefer mit geologischen Problemen zu beschäftigen. Es scheint, daß er schon 1779 von dort eine Gesteinssammlung mitgebracht hatte. Johann Karl Wilhelm Voigt berichtete über Goethes Sammlungstätigkeit in der Schweiz in einem Brief an Abraham Gottlob Werner vom 6. Juli 1780: *»Die Gebirgsarten unterhalten ihn vorzüglich, und auf der letzten Reise in die Schweiz hat er schöne Sachen gesammelt.«*[4]

Goethe selbst äußerte sich in seinen Briefen aus der Schweiz und in seinem Tagebuch darüber nicht. Goethes Sammlung zur Geologie wurde durch Voigt geordnet und katalogisiert. Voigt führte auch das Prinzip der Gliederung nach Werner ein; somit war Goethes Sammlung nach dem damals modernsten System geordnet. Die Gesteinssammlung Goethes gilt neben den Sammlungen von Werner in Freiberg und von Gersdorf in Görlitz als eine der besten geologischen Sammlungen jener Zeit, die geschlossen erhalten geblieben sind.

In den folgenden Jahren wuchs Goethes Interesse an sammelnder und forschender Arbeit auf dem Gebiet der Geologie weiter. Durch die intensiven Bemühungen um die Wiederbelebung des Ilmenauer Bergbaus wurde er immer besser mit geologischen und bergbaulichen Fragen vertraut. Er trat also diese zweite Harzreise unter ganz anderen Voraussetzungen an. Sein Hauptaugenmerk galt während dieser Reise Fragen der Entstehung der Gesteine; über die Freude an den Naturschönheiten hinaus war die Natur für ihn jetzt vorrangig ein Gegenstand der Erkenntnissuche.

Goethe reiste diesmal mit Fritz von Stein, dem zehnjährigen Sohn der Weimarer Freundin. Der erste Brief an Charlotte von Stein, datiert vom 9. September 1783, wurde in Langenstein, das zwischen Blankenburg und Halberstadt liegt, geschrieben: *»Mir geht es bis hierher sehr wohl ... und Fritz ist recht artig ... [–] Das Wetter ist nicht sehr günstig, der Harz schickt Stürme und Wolken ...«* (WA IV 6, 195) Goethe und Fritz von Stein waren Gäste bei Maria Antonia von Branconi, die das Gut Langenstein bewohnte. Goethe hatte die junge Frau 1779 während seines Aufenthaltes in der Schweiz in Lausanne kennengelernt und war von ihrer Schönheit tief beeindruckt gewesen. Im August 1780 hatte Antonia von Branconi auf der Reise von Langenstein nach Lausanne Goethe in Weimar einen Besuch abgestattet.

Am 11. September besuchten Goethe und Fritz von Langenstein aus die Roßtrappe. Abends schrieb er aus Blankenburg an Charlotte: *»Der erste schöne Tag seit der ganzen Reise! So lange ich bei der schönen Frau war, hast Du immer Sturm und leidig Wetter gemacht und dafür meine Wallfahrt nach dem Roßtrapp gesegnet. Es war ein köstlicher Tag. Und nachdem ich mich oben umgesehen hatte, stiegen wir ins Tal herunter, wo ... ich mit Fritzen auf einem großen in den Fluß gestürzten Granitstück zu Mittage aß.«* (WA IV 6, 196) Am nächsten Tag zeigte er Fritz die Baumannshöhle und die Marmorbrüche bei Rübeland. Die Nacht verbrachten sie wieder in Langenstein und reisten am folgenden Abend nach Halberstadt weiter. Hier trafen sie die Weimarer Herzogin-Mutter Anna Amalia, deren Bruder Herzog Karl Wilhelm Ferdinand von Braunschweig und dessen Frau, die beim Domherrn Ernst Ludwig von Spiegel zu Gast waren. Dieser, sehr aufgeschlossen für Wissenschaft und Kunst, hatte einen Kreis von Persönlichkeiten der Aufklärung um sich versammelt. Ein wenig genutztes Hügelland südlich von Halberstadt, das er hatte erwerben können, ließ Spiegel in einen englischen Landschaftspark (die später nach ihm benannten Spiegelsberge) umwandeln. Diese Arbeiten waren gerade beendet worden, und ihr Ergebnis konnte so den Gästen aus Weimar und Braunschweig gezeigt werden.

Am 18. September reisten Goethe und Fritz weiter nach Zellerfeld, wo sie im Haus des Vizeberghauptmanns Heinrich von Tebra und dessen Gattin herzliche Aufnahme fanden. Die Freundschaft zwischen Goethe und Trebra hatte bereits 1776 in Ilmenau begonnen, als Trebra mit der Anfertigung eines Gutachtens über die Aussichten für die Wiederaufnahme des Ilmenauer Bergbaus befaßt war. Trebra, seit 1779 Vizeberghauptmann in Zellerfeld, zeichnete sich durch ein großes Fachwissen und umfangreiche praktische Erfahrungen aus. Er war Goethes wichtigster Lehrer auf dem Gebiet der Geologie. Im Harz unternahmen sie ausgedehnte Exkursionen, auf denen Trebra Goethe viele Sachverhalte am praktischen Beispiel erklären konnte.

Im Brief vom 20. September berichtete Goethe an Charlotte: *»Meine Reise geht sehr glücklich, ich habe das schönste Wetter, und morgen früh wagen wir uns auf den Brocken. ... [–] Hier bin ich recht in meinem Elemente und freue mich nur, daß ich finde, ich sei auf dem rechten Wege mit meinen Spekulationen über die alte Kruste der neuen Welt. Ich unterrichte mich, soviel es die Geschwindigkeit erlaubt, sehe viel, das Urteil gibt sich. ... [–] Bei Trebras geht's uns gut, es sind sehr redliche Menschen.«* (WA IV 6, 199 f.) Die ersten Tage unternahmen Goethe und Trebra Exkursionen in die Umgebung von Clausthal und Zellerfeld. Am Morgen des 21. Septembers brachen sie gemeinsam mit Fritz zum Brocken auf. Von Zellerfeld aus ritten sie wiederum bis zum Torfhaus. Der Förster Degen erkannte Goethe wieder und erinnerte sich gut an das gemeinsame Wagnis der Brockenbesteigung im Winter. Die Nacht verbrachten die Wanderer in einem der beiden Häuser auf der Heinrichshöhe etwa 2 Kilometer südöstlich vom Brockengipfel. Auf dem Brokken stand zu dieser Zeit nur das Wolkenhäuschen, das 1736 als Schutzhütte erbaut worden war. Das ältere Gebäude auf der rund 100 Meter niedriger als der Brocken gelegenen Heinrichshöhe hatte man 1743 für die Arbeiter der Torfstecherei errichtet. Nach dem Eingehen der Torfstecherei wurde es als Wirtshaus weiter genutzt. Nicht weit entfernt davon wurde später ein zweites Haus für die gräfliche Familie erbaut, in dem Goethe mit seinen Begleitern wahrscheinlich übernachtete. Im Stammbuch der Heinrichshöhe finden wir die folgende Eintragung: *»21. September 1783 – J. W. v. Goethe – F. v. Stein – v. Trebra, zum dritten Male hier.«*

Das Wirtshaus auf der Heinrichshöhe brannte 1799 nieder und wurde nicht wieder aufgebaut. Heute sind dort nur noch einige Grundmauern zu erkennen. Ein Jahr später wurde direkt auf dem Gipfel des Brokkens ein Wirtshaus errichtet.

Am nächsten Morgen setzten Goethe, Trebra und Fritz von Stein ihre Wanderung in Richtung Schierke fort. Schierke, der einzige Ort im Brockengebiet, hatte damals etwa 500 Einwohner. Heute erinnert eine Goetheplakette im Kurpark an Goethes Besuch. Diese Plakette befand sich ursprünglich im Wolkenhäuschen auf dem Brocken.

Weiter ging es durch das reizvolle Elendstal nach Elend, von dort in nordwestlicher Richtung über das Oderbrückhaus zum Oderteich und zum Rehberger Graben. Der Oderteich, der größte Teich des Harzes, wurde Anfang des 18. Jahrhunderts zur Versorgung der St. Andreasberger Gruben mit Aufschlagwasser angelegt. Er war damals die größte Talsperre Mitteleuropas.

Vom Oderteich aus wurde deshalb der mehr als 7 Kilometer lange Rehberger Graben angelegt, durch den das Wasser in leichtem Gefälle nach St. Andreasberg fließt. An dem mit Holzstämmen und Granitblöcken bedeckten Graben entlang führt ein Fahrweg, dem Goethe und seine Begleiter folgten.

An der Rehberger Klippe, etwa auf halbem Weg zwischen dem Oderteich und St. Andreasberg, fanden Goethe und Trebra den Übergang zwischen dem Granit des Brockenplutons und den Grauwacken der Umgebung in einem schönen Aufschluß. Durch die hohen Temperaturen der granitischen Gesteinsschmelze beim unterirdischen Aufstieg des Magmas wurden die anstehenden Grauwacken zu Hornfels umgewandelt. Beim damaligen Kenntnisstand der Geologie konnte Goethe und Trebra diese kontaktmetamorphe Überprägung vorhandener Gesteine nicht bekannt sein. 1813 schrieb Trebra rückblickend über dieses für beide, den Vizeberghauptmann und den Hobbygeologen und Vorsitzenden der Ilmenauer Bergwerkskommission, stark beeindruckende Erlebnis: *»Diese hohe, nahe am Graben ganz senkrecht dastehende Felswand war mit einem großen Haufen heruntergestürzter Bruchstücke ... verschanzt, von welchen sogleich viele zerschlagen* *wurden. Unter ihnen fanden sich mehrere von jenen Doppelgesteinarten Granit mit aufgesetzten, eingewachsenen dunkelbauen, fast schwarzen, sehr harten (jaspisartigen) Tongestein. ›Die können nirgends anders herkommen als von jener Klippe da vor uns. Dahin müssen wir‹, antwortete mein Freund. ›Behutsam! vorsichtig!‹ schrie ich ihm nach, ›die moosbedeckten schlüpfrigen Felsstücke liegen gefahrvoll durcheinander, wir können die Beine dazwischen brechen.‹ – ›Nur fort! nur fort!‹ antwortete er voraneilend, ›wir müssen noch zu großen Ehren kommen, ehe wir die Hälse brechen!‹ Und wir kamen zusammen heran an den Fuß der Felswand, wo wir nun gar deutlich den Abschnitt des schwarzen Gesteins, auf den blaß fleischroten Granit in gar langer Linie sich hinziehend, erkennen konnten. Aber, unserer ziemlichen Größe ungeachtet, erreichen mit unsern Händen konnten wir sie doch nicht. ›Wenn du dich fest hinstellen wolltest‹, sagte mein Freund zu mir, ›so wollte ich jene in den Felsen eingewachsene Strauchwurzel ergreifen, mich im Anhalten an sie hebend auf deine Schultern schwingen, und dann würde ich den so kenntlichen Abschnittsstrich wenigstens mit der Hand erreichen können.‹ So geschah's, und wir hatten das seltne Vernügen, den merkwürdigen Abschnittstrich von hier eingewurzelten Urgebirge roten Granit und darauf stehenden, dunkel-, fast schwarzblauen Tongesteins nahe zu sehen, sogar mit Händen zu greifen.«*[5]

Goethe und Trebra gingen als Neptunisten davon aus, daß die Erdkruste durch die Ablagerungen des Wassers gebildet worden sei. Der Granit war für sie das älteste Gestein. Die tatsächliche Entstehung dieses Kontaktgesteins durch die großen Temperaturen während des Eindringens des Magmas in das umgebende ältere Gestein war ihnen wie der Wissenschaft ihrer Zeit noch unbekannt.

Trebra schickte Goethe dann 1812 eine geschliffene Platte genau dieses Übergangs vom Granit zum Hornfels von der Rehberger Klippe und erinnerte ihn so an das gemeinsame Erlebnis. Im Begleitbrief vom 20. Oktober 1812 schrieb er: *»In diesem wohl verwahrten Verschlage ist ein Geschenk verwahrt, das ich als wahreres Gelübde, seit wohl schon 30 Jahren her, meinem edlen Freunde Goethe im Herzen zugesagt habe, zum immerwährenden Andenken an unser gemeinschaftliches Beschleichen der Natur.«*[6] Und am 21. November desselben Jahres kam von Trebra folgender Vorschlag: *»Wohl erwarte ich es, daß die seltne Steinplatte – die ich doch am Ende Dir kühnem Forschungsgefährten allein zu danken habe – meinem edlen Freund gefallen würde. Nun bitte ich aber auch, sie auf ein elegantes Tischgestell bringen zu lassen ... Wenn dann auf solchem Tische täglich Kaffee zu trinken gebracht würde, dann möchte sich der geologische Geschmack wohl noch sicherer festhalten lassen ...«*[7] Diese Tischplatte können wir heute in Goethes Gartenhaus, im Schlafzimmer, bewundern. (Abb. Umschlag – Rückseite). Goethe bedankte sich bereits am 27. Oktober 1812 bei Trebra: *»Ich erinnerte mich wohl manchmal unserer kühnen Wagnisse zu Entdekkung eines geologischen Punktes, der noch heutzutage so gut wie damals höchst bedeutend und wie die wenigen ihm ähnlichen Fälle immer noch ein Rätsel bleibt.«* (WA IV 23, 119)

Über St. Andreasberg gelangten die Wanderer nach Zellerfeld zurück. Am 24. September schrieb Goethe von dort an Charlotte von Stein. *»Unsre Brockenreise ist glücklich vollendet ... [–] Ich habe mich recht mit Steinen angefüttert, sie sollen mir, denke ich, wie die Kiesel dem Auerhahn zur Verdauung meiner übrigen schweren Winterspeise helfen.«* (WA IV 6, 201) Noch zwei Tage blieben Goethe und Fritz von Stein im Hause Trebras. – 1805 wurde Trebra als Oberberghauptmann nach Freiberg berufen. Dort gehörte auch die Leitung der Bergakademie zu seinen Aufgaben. Bis zu seinem Tod im Jahre 1819 stand er mit Goethe im Briefwechsel, in dem er Goethe oft um seine Meinung zu geologischen Problemen bat.

Am 26. September reisten Goethe und Fritz nach Göttingen weiter und kehrten von dort Anfang Oktober nach Weimar zurück.

Goethe lernte während dieser Reise das Harzgebirge zu einer günstigeren Jahreszeit kennen. Die gemeinsame Brockenbesteigung mit dem Freund Trebra erweiterte seine geologischen Kenntnisse und brachte den Erfolg der Entdeckung des Kontaktgesteins an der Rehberger Klippe. Auch die Entfernung von den Weimarer Staatsgeschäften bekam ihm sehr gut. An Charlotte von Stein schrieb er am 28. September aus Göttingen: *»Die Reise tut mir sehr wohl, sie war eben*

Abb. 4 · Das Brocken-Wirtshaus auf der Heinrichshöhe

Abb. 5 · Der Oderteich vom Oderdamme gesehen

Abb. 6 · Ansicht des Rehberger Grabens vom Oderdamme

zur rechten Zeit eingeschlagen. Du glaubst nicht, wie leicht es mir wird, mit den Menschen zu handeln, da ich nicht mit ihnen umzugehn brauche.« (WA IV 6, 202)

Im Januar 1784 diktierte Goethe eine Abhandlung über den Granit, in der er seine auf der Suche nach dem Urgebirge gewonnenen Erkenntnisse darstellte. Auch hier wird wieder sein ständiges Forschen nach den Ursprüngen der Entwicklung deutlich, das ihn auch bei der Suche nach der Urpflanze oder nach dem Urphänomen in der Farbenlehre bewegte. Er schrieb über den Granit: *»Aus bekannten Bestandteilen auf eine geheimnisreiche Weise zusammengesetzt, erlaubt es* [das Gestein – d. V.] *ebensowenig, seinen Ursprung aus Feuer wie aus Wasser herzuleiten.«* (WA II 9, 172) In Goethes Gesteinssammlung aus dem Harz stehen die Granitexponate seiner Ansicht über das Alter dieses Gesteins entsprechend am Anfang.

Die dritte Harzreise

Im August und September 1784 besuchte Goethe zum dritten Mal den Harz. Inzwischen war im Februar 1784 der Bergbau in Ilmenau wiedereröffnet worden.

Herzog Carl August plante eine Reise an den Braunschweiger Fürstenhof und war an einer Teilnahme Goethes sehr interessiert. Goethe verstand es, diese diplomatische Mission mit weiteren geologischen und bergbaulichen Studien im Harz zu verbinden. Gemeinsam mit dem Herzog wollte er im Harz vor allem bergbauliche Anlagen besichtigen. Kurz vor der Abreise schrieb er am 6. August 1784 an Merck: *»Ich komme nunmehr wieder auf den Harz und werde meine mineralogische und oryktologische Beobachtungen, in denen ich bisher unermüdet fortgefahren, immer weiter treiben. Ich fange an, auf Resultate zu kommen, die ich auch bis jetzt noch für mich behalte, damit sie mir nicht weggeschnappt werden.«* (WA IV 6, 332) Oryktognosie war damals die Bezeichnung für die heutige Mineralogie, während man unter Mineralogie noch die Kunde der Mineralien und Gesteine verstand.

Goethe wurde von dem Maler Georg Melchior Kraus begleitet, der im Harz Besonderheiten der Gesteinsbildung, vor allem den Verlauf der Felsklüfte, im Bild festhalten sollte. Goethe war einer der ersten, der die bildliche Dokumentation geologischer Objekte als sehr nützlich erkannte und dazu anregte.

Georg Melchior Kraus war damals 51 Jahre alt. Wie Goethe lebte er seit 1775 in Weimar. Beide hatten sich bereits in ihrer gemeinsamen Heimatstadt Frankfurt am Main kennengelernt. Kraus bewies neben seiner Tätigkeit als Direktor der Weimarer Freien Zeichenschule als Künstler eine außerordentliche Vielseitigkeit. Besonders bekannt sind seine Porträts von Weimarer Persönlichkeiten der Goethezeit und seine Darstellungen des Weimarer Parks. Außerdem entwarf er Tapeten und Theaterkostüme und gab gemeinsam mit Bertuch das ›Journal des Luxus und der Moden‹, die erste bedeutende europäische Modezeitschrift, heraus. Bei der Darstellung von Felsformationen im Harz leistete er Außergewöhnliches. Kraus verstand es, die geologischen Besonderheiten mit größter Genauigkeit festzuhalten und herauszuarbeiten. Im Anhang wird ein großer Teil dieser Zeichnungen näher erläutert.

Goethe führte während seiner dritten Harzreise ein ›Geognostisches Tagebuch‹. Hier machte er sich Notizen zu seinen Beobachtungen und interpretierte diese zum Teil schon. Diesem Tagebuch verdanken wir die Kenntnis einer großen Anzahl von geologischen Einzelheiten, die Goethes Interesse erregten. Aber auch seine Eindrücke beim Besuch von Bergwerken und anderen Anlagen des Bergbaus wurden genau vermerkt. Anhand des ›Geognostischen Tagebuchs‹ können wir den Weg, den Goethe und Kraus zurücklegten, meist sehr gut verfolgen. Da er das Tagebuch jedoch später noch einmal überarbeitete, sind einige Ortsangaben nicht mehr ganz korrekt. Außerdem geben uns seine Briefe Aufschluß über seine Eindrücke und Gedanken.

Im ersten Brief dieser Reise berichtete er am 8. August aus Dingelstädt an Johann Gottfried und Caroline Herder über den Bruch einer Achse des schwerbepackten Wagens. So mußte in dem Ort am südlichen Rand des Eichsfeldes eine Pause eingelegt werden. Am nächsten Tag gelangte die Reisegesellschaft über Duderstadt und die Königshütte nach Lauterberg. In Duderstadt hatte Goethe bereits auf dem Weg vom Harz nach Eisenach 1777 übernachtet. Auch Lauterberg und die Königshütte waren ihm seit damals bekannt. Im ›Geognostischen Tagebuch‹ notierte Goethe, daß in der Königshütte Eisenerz aus Andreasberg, Elbingerode und Lerbach geschmolzen wurden. Den anstehenden devonischen Kalkstein benutzte man als Zuschlagstoff.

Am 10. August ging die Reise weiter nach Zellerfeld. Im Tagebuch wird zuerst die Scharzfelser Höhle erwähnt, die man später nach einer Sage Einhornhöhle nannte. In dieser Tropfsteinhöhle wurden Knochenreste eiszeitlicher Bären gefunden. Weiter führte der Weg nach Osterode, am südwestlichen Rand des Harzes entlang. Goethe beeindruckte hier besonders der Zechsteingips. Den beschriebenen Gipsbruch hat Kraus auch im Bild festgehalten. (Abb. 8, 9) Von Osterode aus kam man direkt ins Gebirge, und die Reisegesellschaft fuhr hinauf in Richtung Zellerfeld. Goethe notierte z. B. die am Wege anstehende Grauwacke. Bei der Grauwacke handelt es sich um ein dunkelgraues, sandsteinartiges, metamorphes Sedimentgestein, das oft einen hohen Anteil an Gesteinsbruchstücken aufweist. Diese Grauwacken entstanden aus dem Abtragungsschutt ehemaliger Gebirge und gehören zu den Gesteinen der Clausthaler Faltenzone, ihr Alter ist unterkarbonisch, d. h. rund 350 Millionen Jahre. Die Clausthaler Faltenzone nimmt große Flächen des Oberharzes ein. Weiter bemerkte Goethe am Wege einen grünen tonigen Stein mit Kalkspatpunkten. Hier handelt es sich vermutlich um Tonschiefer mit Kalkspalteinschlussen. Der Kalkspat ist nach Quarz das verbreitetste Mineral der Erdkruste. Dünne Tonschieferbänke trennen hier die mächtigen Schichten der Grauwacke.

In Zellerfeld, wo die Reisegesellschaft Quartier nahm, weilte Goethe jetzt zum dritten Mal. Besonders das Wiedersehen mit seinem Freund, dem Vizeberghauptmann Trebra, dürfte ihm große Freude bereitet haben.

Am 11. August schrieb Goethe aus Zellerfeld an Charlotte von Stein: *»Wir sind hier glücklich angelangt und haben das schönste Wetter, besteigen die Berge und sehen uns in der weiten Welt um, Du hast außer den Steinen keine Nebenbuhlerin ...«* (WA IV 6, 334) Über diesen 11. August liegen keine weiteren Angaben vor. Wahrscheinlich zeigte Goethe seinen Begleitern die beiden Bergstädte Zellerfeld und Clausthal und deren Umgebung.

Am nächsten Tag ging es am Fuße des Badstubenberges nach Wildemann, einer Bergstadt, die damals etwa 900 Einwohner zählte. Von dort aus führte der Weg weiter über den Iberg und am Hübichenstein vorbei nach Grund (heute Bad Grund), der ältesten der sieben Bergstädte des Oberharzes, deren Bergbau jedoch keine große Bedeutung mehr besaß. Kraus zeichnete den Hübichenstein, einen Kalkfelsen am Iberge (Abb. 11), vielleicht aber auch erst, als er während Goethes Aufenthalt in Braunschweig allein im Harz arbeitete. Goethe berichtete am Morgen des 13. Augusts an Charlotte von Stein: *»Gestern sind wir von morgens fünfe in Bewegung gewesen und haben noch abends mit einem Soupee beim Berghauptmann v. Reden geendigt, ... heute gibt's wieder Bewegung genug. Es wird in die Gruben eingefahren, ein beschwerlicher Weg, der mir sehr lehrreich sein wird. ... Krause zeichnet ganz fürtrefflich ...«* (WA IV 6, 335)

An diesem Tag besuchten Goethe und der Herzog die Gruben Caroline und Dorothee südöstlich von Clausthal. Im Gästebuch der Grube Dorothee finden wir, von Carl August geschrieben, folgende Eintragung: *»Den 13. August 1784 zur ›Caroline‹ eingefahren und zur ›Dorothee‹ ausgefahren. Carl August, H. z. S., Goethe.«*[8]

Am 14. August schrieb Goethe wiederum morgens an Charlotte von Stein: *»Heute geht es nach einem hohen Berge, wo eine schöne Klippe zu sehn ist, und morgen nach Goslar hinunter. ... [–] In meinen Spekulationen bin ich auch glücklich, ich finde überall, was ich suche ...«* (WA IV 6, 336) Goethes Ziel war wahrscheinlich die Hanskühnenburg (Abb. 12), ein etwa acht Meter hoher Quarzitfelsen, der Sage nach eine verwunschene Raubritterburg. Der Felsen liegt in mehr als 800 Meter Höhe auf dem Acker genannten Höhenzug zwischen Clausthal und St. Andreasberg. Goethe erwähnte die Hanskühnenburg namentlich weder im ›Geognostischen Tagebuch‹ noch in seinen Briefen, der Fels wurde aber von Kraus gezeichnet.

Am 15. August reisten Goethe, der Herzog und ihre Begleitung nach Goslar und von dort am näch-

Abb. 7 · Ansicht der Bergstadt Wildemann

sten Tag weiter nach Braunschweig. Georg Melchior Kraus blieb im Harz zurück, um weitere geologische Objekte zu zeichnen; er folgte Goethe erst am 23. August nach Braunschweig. Der Staatsbesuch in Braunschweig dauerte länger als erwartet. Goethe hatte eigentlich gehofft, am 28. August seinen 35. Geburtstag auf dem Brocken zu feiern, doch erst am 1. September konnte er nach Goslar zurückreisen. Über seine Studien im Harz äußerte er sich auch in seinen (im Original französisch-sprachigen) Briefen aus Braunschweig an Charlotte von Stein: »*Im Harz habe ich mit Entdeckungen Glück gehabt, hätte ich mehr freie Zeit, ich leistete sicherlich etwas für die Naturgeschichte. ... Die Schriftzeichen der Natur sind groß und schön, und ich behaupte, sie sind alle leserlich. Aber dem Menschen sagen kleinliche Ideen mehr zu, weil er selbst klein ist und sein engbegrenztes Dasein nicht mit den Wesen der Unendlichkeit vergleichen mag.*« (WA IV 6, 343) »*Die Gedanken, die mir über die Gestaltung unseres Erdballes gekommen sind, haben schon Bestätigung und Berichtigung gefunden, und ich kann sagen: Ich habe Gegenstände gesehen, die mein System bestätigen und mich durch ihre Neuheit und Größe überraschen. Ich bilde mir nicht ein, das Prinzip gefunden zu haben, nach dem diese Erscheinungen existieren, aber ich will ein Zusammenspiel von Wirkungen vorführen, die eine gemeinsame Ursache wenigstens wahrscheinlich machen. Dann mögen stärkere Geister als ich sie näher erkennen.*« (WA IV 6, 346)

Am 1. September waren Goethe, der Herzog und Kraus wieder in Goslar, wo sie in das Bergwerk im Rammelsberg (Abb. 13) einfuhren. Goethe hatte das Bergwerk bereits während seines ersten Besuches im Harz am 5. Dezember 1777 besichtigt. Hier setzten auch die Notizen im ›Geognostischen Tagebuch‹ wieder ein. Goethe begann, Angaben zur räumlichen Lage der Gesteinsschichten festzuhalten, die er mit dem Gelogenkompaß eingemessen hatte, einem unentbehrlichen Hilfsmittel zur Bestimmung der Lagerungsverhältnisse der Gesteine. Möglicherweise hatte ihn Trebra mit diesem Meßinstrument vertraut gemacht. Der Geologenkompaß war damals in 24 Stunden (hor.) eingeteilt. Ausgehend vom Tagesgang der Sonne wurden so die Himmelsrichtungen angegeben. Man bestimmte mit dem Kompaß das Streichen von Gesteinsschichten und Klüften. Ein Streichen von hor. 12 entspricht der Nord-Süd-Richtung, ein Streichen von hor. 6 der Ost-West-Richtung.

Im Rammelsberg wurde nachweislich bereits seit 968 Bergbau, vorrangig auf Silber, betrieben. Es ist somit eines der ältesten Bergwerke in Europa. Mit Erschöpfung des Alten Lagers wurde 1859 das Neue Lager gefunden, in dessen Erzen besonders Zink, Blei, Eisen, Mangan, Kupfer und Schwefel vertreten waren. 1987 wurde der Bergbau im Rammelsberg eingestellt.

Der bereits verfestigte Erzkörper wurde hier während der variskischen Faltung vor rund 350 Millionen Jahren überkippt. Goethe hat diese Überkippung wahrscheinlich erkannt, denn er schrieb im ›Geognostischen Tagebuch‹: »*Die Schieferplatten des Liegenden stehn mehr auf dem Kopfe als die des Hangenden, den Berg hinauf legen sie sich immer mehr.*« (WA II 9, 157)

Der Harzer Bergbau war technisch sehr weit entwickelt. Die Reisenden konnten hier viel für den Bergbau in der Umgebung von Ilmenau lernen. Ein Hauptproblem des damaligen Bergbaus war die Entwässerung der in immer größere Teufen vordringenden Gruben so durch Stollen zu tiefergelegenen Tälern oder durch Pumpenkünste. Aber auch bei der Förderung des Erzes gab es viele Schwierigkeiten zu überwinden. Goethe und der Herzog konnten in den Gruben des Harzes verschiedene technische Lösungen der Wasserhaltung und Förderung studieren.

Auf einem gesonderten Notizblatt vermerkte Goethe zum Besuch im Rammelsberg folgendes:
»*Schwarze Höhle*
Erleuchteter K ...
Flammen Geprassel
Rauch, Zug, Glut
Funken sprühen, Knall.
Dumpfes Getöse der springenden Felsen
Zusammenstürzende Flammen
Getöse. Hitze
Vitriolzapfen« (WA II 13, 295).

Um die Gewinnung der Erze zu vereinfachen, kam das Verfahren des Feuersetzens zur Anwendung. Das Gestein wurde durch Feuer stark erhitzt und dann mit Wasser schnell abgekühlt. Die dadurch entstehenden Abschalungen und Risse erleichterten den Abbau erheblich. Für die Besucher müssen die prasselnden Feuer – für den Abbau einer Tonne Erz wurde etwa 1 Kubikmeter Holz verbrannt – sowie das Krachen und Stürzen des abschalenden Erzes in den untertägigen Räumen ein imponierendes Erlebnis gewesen sein. Gegen Ende des 18. Jahrhunderts heißt es dazu in einem Bericht des sächsischen Berghauptmanns Freiesleben: *»Wir alle mußten bewunderungsvoll gestehen, daß wir nie ein Schauspiel gesehen hatten, das diesem an Pracht und Größe glich. Man kann es nicht beschreiben, man muß es fühlen, was für einen erhebenden Eindruck in einer schauerlichen unterirdischen Weite die tobenden Feuerflammen und krachenden Wände machen.«*[9] Diese Methode wurde erst 1878 durch maschinelles Bohren abgelöst.

Nach diesem Besuch im Rammelsberg reiste der Herzog nach Dessau weiter, um am dortigen Fürstenhof seine Bemühungen um die Gründung eines Fürstenbundes fortzusetzen. Goethe und Kraus blieben im Harz und konnten sich jetzt ganz ihren geologischen Studien bzw. dem Zeichnen widmen.

Am 2. September waren Goethe und Kraus in der Umgebung von Goslar unterwegs. Im ›Geognostischen Tagebuch‹ beschrieb Goethe als erstes eine Schiefergrube (Abb. 14), die in Richtung Zellerfeld liegt. Hier stehen dunkelblaue bis graue Tonschiefer an, die auch als Dachschiefer gewonnen werden. Im Harzvorland nördlich von Goslar fiel ihm ein Sandsteinfelsen auf, die sogenannte Klause (Abb. 15), der äußerlich durch eine Kruste vor Abtragung weitestgehend geschützt ist. Goethe schrieb dazu: *»Der Fels besteht aus ganz feinem, sehr gleichem Sande und hält durch kein merkliches Bindemittel zusammen. Äußerlich überzieht er sich mit einer Art Kruste, die ihn vor dem völligen Auseinanderfallen bewahrt, sie ist aber leicht abzuschaben und zu zerbröckeln.«* (WA II 9, 158) Mit der Hebung der Harzscholle wurden im nördlichen Harzvorland die Gesteinsschichten von Zechstein, Trias und Kreide steil aufgerichtet und danach durch die Abtragung gestaltet. Unweit der Klause traf Goethe auf einen Kalksteinbruch, dessen Schichten ebenfalls überkippt sind.

Das nächste Ziel dieses Tages war die Messinghütte am südlichen Ortsrand von Oker, die Goethe bereits von seinem Besuch im Dezember 1777 kannte. Am Anfang des Tales des gleichnamigen Baches, der Oker, fielen Goethe Schiefer auf, weiter talaufwärts die Granitklippen am Ziegenrücken. Der Okergranit ist wie der Brockengranit, mit dem er in größerer Tiefe in Verbindung steht, ein Pluton, d. h. das Magma ist in tieferen Erdschichten erstarrt und hat die Erdgoberfläche nicht erreicht. Erst durch Erosion, durch die Abtragung der überlagernden Gesteine, wurde der Granit aufgeschlossen. So auch im Okertal, wo er zahlreiche Klippen bildet. Er tritt im wesentlichen nur in den Tälern und in kleineren Graniteinseln an die Erdoberfläche.

Am großen Huthberg fand Goethe Schlacken, über deren Herkunft er sich nicht klar werden konnte. Der Okergranit ist größtenteils von Sedimentgesteinen bedeckt, die kontaktmetamorph überprägt wurden. Durch die hohe Temperatur beim Eindringen des Magma in die Erdkruste wurden auch die Nebengesteine durch chemische Reaktionen und Aufschmelzvorgänge verändert. Die so in Farbe, Struktur und Chemismus veränderten Gesteine hat Goethe möglicherweise für Schlacken gehalten. Sowohl die Kontaktmetamorphose als auch die Verhüttung verändern die Gesteine durch hohe Temperaturen, so daß z. T. ähnliche Bildungen entstehen können. Andrerseits waren Goethe metamorph überprägte Gesteine vom Rehberger Graben bekannt, und auch unterhalb der Roßtrappe erkannte er diese Kontaktgesteine sehr genau. Vielleicht handelte es sich bei seinen Funden also doch um Schlacken einer ehemaligen kleineren Verhüttung.

Am Treppenstein (Abb. 17), einer Granitklippe, von der sich ein lohnender Blick in das Okertal bietet, beschäftigte Goethe sich wieder mit dem Streichen der Klüfte und stellte deren Verlauf in Nordost-Südwest-Richtung fest.

Abends kehrten Goethe und Kraus nach Oker zurück und übernachteten wahrscheinlich in der Nähe der Messinghütte, denn am 3. September notierte Goethe: ›Von der Messinghütte ab.‹ (WA II 9, 159) Das Ziel der beiden Reisenden war der Brocken, sie hatten sich also für diesen Tag recht viel vorgenommen. Goethe nennt im ›Geognostischen Tagebuch‹ den Ahrendsberg, es wird aber angenommen, daß er damit den Adenberg am Eingang des Okertales meinte. Die von ihm beschriebenen Gesteine unterstützen diese Vermutung, denn ein Wechsel von Okergranit und anstehendem Schiefer ist am südlicher gelegenen Ahrensberg nicht anzutreffen. Beim Aufstieg bemerkte Goethe Lockergesteine, vermutlich Terrassenschotter. Der von ihm verwendete Begriff Geschiebe wird heute nur für eiszeitliche Ablagerungen, d. h. vom Inlandeis transportierte Gesteine, benutzt. Weiter führte der Weg über die Adenbergischen Kuhläger, und die Stiefmutterklippe zum Wildenplatz, heute Wildenhagen genannt. Diese Route hatte Trebra in einem Brief, den er Goethe nach Braunschweig sandte, vorgeschlagen. Am Sandbrink bemerkte Goethe eine Höhle, an deren linker Seite Granit, an deren rechter ein schwarzgraues Gestein ansteht. Auch hier ist der Kontakt zwischen Okergranit und umgebendem Gestein aufgeschlossen, den Goethe jedoch nicht als solchen erkannte. Das im ›Geognostischen Tagebuch‹ erwähnte Drachtal ist wahrscheinlich als Großes und Kleines Trogtal zu identifizieren. Beide Täler mußten von Goethe und Kraus gequert werden. Der beschriebene Weg umgeht die Torfmoore Taternbruch, Reifenbruch, Marienbruch und Baste, die bei Goethe jedoch keine Erwähnung fanden. An den Lerchenköpfen stellte Goethe das gleiche Gestein wie an der Hanskühnenburg fest. Nördlich und östlich vom Torfhaus stehen nämlich ebenfalls Quarzite des Acker-Bruchberg-Zuges an, auf dem sich weiter südwestlich auch der Hanskühnenburg genannte Felsen befindet. Goethes Feststellung ist ein Beleg dafür, daß er am 14. August die Hanskühnenburg besucht hat, und zugleich ein Beweis für seine hervorragende Beobachtungsgabe.

Am Torfhaus erreichten die Reisenden das Granitgebiet des Brockens. Das Forsthaus Torfhaus, der damals höchstgelegene auch im Winter bewohnte Ort des ganzen Harzes, war Goethe von seinen ersten beiden Besuchen her gut bekannt. Von hier aus waren es etwa noch zwei Stunden Fußweg bis zum Brockengipfel. Auf dem Weg zum Brocken notierte Goethe im ›Geognostischen Tagebuch‹ nur den Verlauf des Tales der Ecker zwischen Quitschenberg und Kleinem Brocken. Er stellte ein Streichen von hor. 1 fest, was einem Verlauf in nördlicher Richtung entspricht. Auf dem Brockenplateau zeichnete Kraus die beiden Granitklippen Teufelskanzel und Hexenaltar (Abb. 20, 21), die sich am südlichen Rand des Plateaus erheben. Goethe gibt lediglich ihre Lage in Nord-Süd-Richtung an. Den von seinem vorjährigen Besuch mit Trebra vertrauten Brockengranit hielt er wohl keiner besonderen Erwähnung mehr wert. Etwa 300 Wanderer pro Jahr besuchten zu dieser Zeit den Brockengipfel. Goethe und Kraus verbrachten die Nacht im Wirtshaus auf der Heinrichshöhe und trugen sich auch in das Gästebuch ein:

»1784 den 4. September:
Quis coelum posset nisi coeli munere nosse.
Et reperire Deum, nisi qui pars ipse Deorum est?
(Wer könnte den Himmel erkennen, wenn nicht durch die Gunst des Himmels, und wer Gott wahrnehmen, wenn er nicht selbst ein Teil der Götter wäre?«[10] Später hat Goethe diesen Spruch in den ›Zahmen Xenien‹ frei übersetzt:

»Wär' nicht das Auge sonnenhaft,
Die Sonne könnt' es nie erblicken;
Läg' nicht in uns des Gottes eigne Kraft,
Wie könnt' uns Göttliches entzücken?«
(WA I 3, 279)

Am 4. September wanderten Goethe und Kraus in Richtung Schierke weiter. Im ›Geognostischen Tagebuch‹ nennt Goethe die Arendsberger Klippen, meinte damit aber sicherlich den Ahrensklint (Abb. 22, 23) nördlich von Schierke. Kraus zeichnete diese Klippe gleich mehrmals, und die Darstellung der Klüftung des Granits ist ihm sehr gut gelungen. Als nächstes werden die Feuersteinklippen (Abb. 24) erwähnt, die nicht weit entfernt oberhalb des heutigen Bahnhofs Schierke im Wald zu finden sind. In einer Nachbemerkung wies Goethe am folgenden Tag darauf hin, daß auch an den Feuersteinklippen die Magnetnadel nach Südwesten abgelenkt wurde. Besonders stark fiel ihm dies zwischen zwei Granitklippen auf. Auf dem weiteren Weg bemerkte er festes Tongestein, das in unmittelbarer Nähe des Brockenplutons kontaktmetamorph überprägt worden ist. In der Bode zwischen Schierke und Elend suchte er nach Serpentinitstücken, fand aber erst in der Nähe von Elend Steine, die ähnlich aussahen. Es ist ungeklärt, warum Goethe gerade im Elendstal dieses Gestein vermutete, denn es kann im Granitverbreitungsgebiet eigentlich nicht vorkommen.

Die Nacht dürften die Wanderer in Schierke oder Elend verbracht haben. Das erste Ziel des nächsten Tages waren die Schnarcherklippen (Abb. 25) am Barenberg südöstlich von Schierke. Auch hier stellte Goethe eine Abweichung der Magnetnadel fest. Diese Abweichung verläuft nicht gleichmäßig und ist wahrscheinlich auf im Gestein eingelagerte Magneteisenerze zurückzuführen, die durch häufige Blitzeinschläge wechselnde magnetische Felder aufweisen. Unsere eigenen Beobachtungen zeigten, daß die Magnetnadel aus der Nord- bis in die Südrichtung abgelenkt wird, zu den Klüften hin nahm die Ablenkung ab. In den einzelnen Granitblöcken sind Maxima dieser Abweichung auszugrenzen, die teilweise nur wenige Quadratzentimeter groß sind. Eine generelle Abweichung der Magnetnadel nach Südwesten, wie sie Goethe beschrieb, war nicht festzustellen.

Die folgenden Verse aus der Walpurgisnacht des ›Faust‹ könnten in Erinnerung an den Besuch dieser imposanten freistehenden Klippen entstanden sein:

»Und die Klippen, die sich bücken,
Und die langen Felsennasen,
Wie sie schnarchen, wie sie blasen!« (WA I 14, 197)

Auf dem Barenberg, gleich in der Nähe der Schnarcherklippen, ist der Kontakt zwischen dem Randgranit des Brockenplutons und dem kontaktmetamorph überprägten Gestein, das Goethe als Jaspisschiefer bezeichnete, gut sichtbar. Auch Trebra kennzeichnete Kontaktgestein an anderer Stelle als Jaspisschiefer. Am Barenberg handelt es sich um Hornfels mit Quarziteinlagerungen.

Die Wanderung ging weiter an der Bode flußabwärts. Hier stellte Goethe anfangs noch die am Barenberg beschriebenen Schiefer fest, denn die Grenze des Kontakthofes liegt etwa am heutigen östlichen Ortsrand von Elend. Weiter stehen kalkige Tonsteine an, die durch die Kontaktmetamorphose zu Kalksilikathornfels, von Goethe als Marmor bezeichnet, umgewandelt wurden.

Goethe interessierte besonders der Bergbau auf Eisenerz in der Umgebung von Elbingerode. Er besuchte die Eisensteingrube Blanke Wormke in der Nähe von Mandelholz. Im ›Geognostischen Tagebuch‹ beschrieb Goethe genau die Zusammensetzung der Gesteine und deren Eisengehalt, der sehr hoch lag. Das Gestein wurde hier aus nur geringer Teufe gefördert. Dieses Revier besaß zeitweilig eine relativ große Bedeutung, der ausgebeutete Roteisenstein hatte eine Mächtigkeit von drei bis vier Metern. Bei Königshof, seit 1936 Ortsteil der aus Rothehütte und Königshof entstandenen Gemeinde Königshütte, verließen Goethe und Kraus das Bodetal, um sich nach Elbingerode zu wenden. Goethe hatte hier bereits im Dezember 1977 zwei Nächte verbracht, und auch diesmal blieb er mit Kraus für zwei Tage in der Bergstadt.

Aus Elbingerode schrieb Goethe auch wieder zwei Briefe, an Charlotte von Stein und an Herder, die einzigen seit seiner Abreise aus Goslar. Gegenüber Charlotte von Stein schwärmte er: *»Von den Fesseln des Hofs entbunden in der Freiheit der Berge ... [–] Der Herzog hatte einen unüberwindlichen Trieb nach Dessau, ging und ließ mich mit Krausen von Goslar aus allein auf den Harz zurückziehen. Wir beide haben dann, uns selbst überlassen, der herrlichsten Tage recht genossen, sind auf dem Brocken gewesen, haben alle Felsen der Gegend angeklopft, immer begleitet von dem hellsten Himmel. ... [–] Krause hat ganz köstliche Dinge gezeichnet.«* (WA IV 6, 353) An Herder berichtete er näher über seine geologischen Studien: *»Krause ist also mit mir alleine, und wir sind den ganzen Tag unter freiem Himmel, hämmern und zeichnen. Ihr werdet Freude haben an dem, was ich mitbringe, wir haben gewiß die größten und bedeutendsten Gegenstände ausgesucht, die Tage sind herrlich. Eine große Last Steine bringe ich geschleppt. Die kleinsten Abweichungen und Schattierungen, die eine Gesteinsart der andern näher bringen und die das Kreuz der Systematiker und Sammler sind, weil sie nicht wissen, wohin sie sie legen sollen, habe ich sorgfältig aufgesucht und habe sie durch Glück gefunden. ... [–] Morgen und übermorgen geht's an der Bude hinunter, wir werden an den Fall gelangen, wo dieses Flüßgen hinter dem Roßtrapp hinabstürzt. Zwischen diesen Felsen hoff ich noch viel für meine Spekulation, es ist ein Durchschnitt, der sehr lehrreich ist.«* (WA IV 6, 354f.)

Die Eisenerzlager im Mittelharz, die der geologischen Einheit des Elbingeröder Komplexes angehören, streichen an vielen Stellen übertägig aus. Das Erz stand also in günstigen Lagerungsverhältnissen an und konnte mit recht einfachen Mitteln im Tagebau gewonnen werden. Auch im 18. Jahrhundert wurde das Erz noch teilweise in Pingen aus Teufen bis 50 Metern gefördert. Aber auch der Tiefbau gewann an Bedeutung. Mit Hilfe des Feuersetzens wurde wie andernorts der Abbau vorangetrieben.

Am 6. September besuchten Goethe und Kraus zunächst die alte Grube Kronprinz. Hierbei handelte es sich möglicherweise um eine der alten Eisensteingruben am nordwestlichen Ortsrand von Elbingerode; dieses Gebiet ist auch als Revier Tännich bekannt. Die geförderten Erze wiesen einen Eisengehalt von etwa 40 Prozent auf und waren somit sehr hochwertig. Das nächste Ziel war die Eisensteingrube Bomshai in der Nähe des Bücherberges. Im ›Geognosischen Tagebuch‹ ging Goethe genau auf die Lagerungsverhältnisse der Gesteine ein. Das Liegende beschrieb er als Schiefer, in die Trümmer von Kalk und Erz eingelagert sind, und das Hangende als Kuhriemen (ein bergmännischer Begriff für ein minderwertiges Eisenerz). Das Eisenerz lagert hier etwa horizontal. Weiter führte der Weg in nördlicher Richtung zur Grube Büchenberg. Goethe vermerkte den sehr hohen Eisengehalt der Erze. Die Grube Büchenberg stellte 1970 als letzte der Elbingeröder Eisenerzgruben ihren Betrieb ein. Hier am Büchenberg, an der Grenze zwischen Schiefer und Kalkstein, fielen Goethe wiederum die Schiefer auf, die Trümmer von Kalk und Erz enthalten. Am Gräfenhagensberg, ebenfalls nördlich von Elbingerode gelegen, besichtigten sie eine Pinge. In einer Pinge oder Binge wurden mächtige und steil in die Tiefe verlaufende Lagerstätten durch das Anlegen großer kesselförmiger Vertiefungen im Tagebau gefördert. Heute versteht man darunter eine durch Einsturz bergmännischer Hohlräume an der Geländeoberfläche hervorgerufene Hohlform. In der Pinge am Gräfenhagensberg war am deutlichsten auszumachen, daß es sich beim Liegenden, dem Gestein unter dem Erz, um Schiefer und beim Hangenden, dem Gestein über dem Erz, um Kalk handelte.

Am nächsten Tag verließen Goethe und Kraus Elbingerode und schlugen zunächst den Weg in südlicher Richtung ein. Im ›Geognostischen Tagebuch‹ notierte Goethe das Vorkommen von Marmor, womit wohl der im Raum Elbingerode-Rübeland anstehende devonische Kalkstein gemeint war. Dieser klotzige graue Massenkalk wird heute in großen Tagebauen gefördert und dient als Rohstoff für die chemische Industrie und das Bauwesen sowie als Dünger für die Landwirtschaft. Er zeichnet sich durch seine besondere Reinheit aus. Schon auf dem Weg von Elbingerode zur Susenburg fielen Goethe die bekannten Mittelharzer Gänge auf, die er dann an der Susenburg näher beschrieb. Diese Gänge verlaufen mit südöstlichem Streichen zwischen den beiden Granitmassiven des Harzes, dem Brocken- und dem Rambergpluton, von Wernigerode bis Hasselfelde und Ilfeld. Obwohl alle diese ganggefüllten Spalten fast parallel zueinander verlaufen, besteht ihre unterschiedlich mächtige Füllung aus verschiedenen Gesteinen. Kurz vor dem Schnapphahngrund verließen sie das Kalkverbreitungsgebiet und kamen in einen Bereich, in dem Ton- und Quazitschiefer anstehen. An der Susenburg (Abb. 26, 27) widmete sich Goethe näher den aufgeschlossenen Mittelharzer Gängen. Von der Susenburg, wahrscheinlich eine ehemalige Fliehburg, ist heute nicht mehr viel zu sehen. Der schmale Felsrükken wird an drei Seiten von der Bode umflossen. Mehrere Quergräben sind als Teile der Befestigungsanlagen noch sichtbar. Auf die Nordseite führt eine in den Felsen gehauene Treppe von 7 Stufen, über die man einen geebneten Absatz erreicht. Goethe beschrieb die Zusammensetzung des hier anstehenden Ganggesteins sehr genau: *»... es ist ein graulicher Quarz, in den weiße Quarzkörner eingesprengt sind ...«* (WA II 9, 163) Dieses Gestein ist als Klippe im östlichen Teil der Susenburg sehr gut aufgeschlossen. Goethe sah von hier oben aus auch die Fortsetzung dieses Ganggesteins in nördlicher und südlicher Richtung, da es aufgrund seiner Härte als Felsenklippe erhalten geblieben ist. Flußaufwärts, von der Susenburg aus in südwestlicher Richtung, bemerkte er eine Klippe, die er als Porphyrfels beschrieb. Interessant ist Goethes Vergleich der Verwitterung des Porphyrs mit der des Granits. Er stellte fest, daß beim Porphyr nicht die für den Granit typische Abrundung (die sogenannte Wollsackverwitterung) auftritt, sondern die Kanten der Klippen noch immer scharfkantig sind. Ein direkter Zusammenhang zwischen den Mittelharzer Gängen und den Mäandern der Bode, wie ihn Goethe annahm, besteht allerdings nicht.

Von der Susenburg stiegen die Wanderer höchstwahrscheinlich in nördlicher Richtung ab und beobachteten die Fortsetzung des Ganggesteins am gegenüberliegenden Bodeufer, blieben dabei aber am linken Ufer. Nachdem sie einen Waldhang mühsam durchklettert hatten, entdeckte Goethe wiederum Porphyr. Es handelt sich erneut um eine der in diesem Gebiet zahlreich auftretenden Gangfüllungen. Jetzt gelangten sie wieder in das Verbreitungsgebiet des Kalksteins. Die von Goethe beschriebene Klippe aus quarzigem Gestein und der benachbarte Schieferbruch werden heute von einer Abraumhalde des Bergbaus überdeckt. Weiter führte der Weg durch Rübeland in das heute dort eingemeindete Neuwerk. Rübeland selbst und seine Höhle, die Goethe von den ersten beiden Reisen bereits kannte, wird im Tagebuch nicht weiter erwähnt. Es kann angenommen werden, daß Goethe und Kraus die Baumannshöhle am Ende ihrer Reise noch einmal von Blankenburg aus besuchten, wobei Kraus die Höhle und ihren Eingang auch zeichnete.

Flußabwärts von Neuwerk hielt Goethe einen Schieferbruch für erwähnenswert. Hier befanden sich die Wanderer wieder im Verbreitungsgebiet der sogenannten Wissenbacher Schiefer, deren Bestandteile und Abweichungen Goethe in seinem ›Geognostischen Tagebuch‹ notierte. In Wendefurth, einem wichtigen Flußübergang an der Straße Halberstadt-Nordhausen, übernachteten sie. Heute liegt der kleine Ort Wendefurth, der damals nur wenige Häuser besaß, direkt am Fuße der unterhalb der Rappbodetalsperre gelegenen Talsperre Wendefurth.

Am folgenden Tag, dem 8. September, setzten sie ihre Wanderung flußabwärts fort. Hier beobachtete Goethe eine grünliche, quarzige Gesteinsart, bei der es sich vermutlich um Diabasporphyrit handelt. An der Ludwigshütte vorbei und über Altenbrak, das damals etwa 300 Einwohner hatte, gelangten sie nach Treseburg. Der Ort Treseburg bestand nur aus etwa 15 Häusern und zählte rund 90 Einwohner.

Etwa eine Wegstunde unterhalb von Treseburg entdeckte Goethe weißen Kalkspat in der Bode. Von einem Fischer erfuhr er, daß in der Nähe von Treseburg ein solcher Gang abgebaut worden wäre. Kalkspat kristallisiert auf Erzgängen oder auch in Hohlräumen von Eruptivgesteinen. Somit war der Kalkspat Begleitmineral eines Erzganges, auf den Bergbau betrieben wurde. Ein Stück dieses Kalzits befindet sich in Goethes Gesteinssammlung der Gebirgsarten vom Harz. Beim Anblick dieses Minerals erinnerte er sich eines Adulars, der reinsten Orthoklasart, das er wahrscheinlich von dem Italiener Pini erhalten hatte. Goethe besuchte dessen Mineralsammlung dann 1788 in Mailand. Adular und Kalzit gleichen sich jedoch nur in begrenztem Maße; obwohl die Farbe übereinstimmen kann, bestehen Unterschiede in der Form der Minerale und in ihrem Glanz. Dies festzustellen war für Goethe wahrscheinlich anhand der gefundenen Stücke schwer möglich.

Im ›Geognostischen Tagebuch‹ verwies Goethe dann auf einen Felsen, an dem durch die Erosion der Schiefer abgetragen worden war, während die Quarzgänge stehenblieben. Möglicherweise enthält diese Beschreibung einen Hinweis auf den sogenannten Bodegang, der das Bodetal zwischen Kleinem und Großem Taschengrund schneidet.

Weiter flußabwärts erreichten die Wanderer den Kontakthof des Rambergplutons. Während der Hebung des Harzes am Ende des Tertiärs konnte die Bode ihre zahlreichen Windungen, in denen sie auf der tertiären Einebnungsfläche geflossen war, nicht verlassen. Sie schnitt sich während dieser Hebung immer tiefer ein. Granit und Kontaktgestein blieben aufgrund ihrer Festigkeit als steile Wände stehen. Das Bodetal ist also das Ergebnis der Hebung des Gebirges und des Einschneidens der Bode. Besonders dieser Teil des Weges war für die beiden Wanderer sehr beschwerlich. Der Wasserfall im Bodekessel (Abb. 29) wurde erst um 1790 gesprengt, um das Holzflößen zur Eisenhütte nach Thale zu erleichtern. Um den Bodekessel zu umgehen, mußten Goethe und Kraus wahrscheinlich ihren Weg ein Stück hangaufwärts fortsetzen. Der heutige Wanderweg durch das Bodetal wurde erst 1818 angelegt. Goethe vermerkte auf einem separaten Notizblatt:

»Bis in den rauschenden Strom heruntergestürzte Felsen.
Glätte der Felsen, des Mooses
Niedergestürzte Bäume
Auf -und Niederklettern.« (WA II 13, 295)

Oberhalb des Bodekessels stieß Goethe auf den Übergang des Kontakthofes zum eigentlichen Rambergpluton. Hier wurde im Kontaktbereich des Granits das bereits vorhandene Gestein, Grauwacke und Tonschiefer, zu Hornfels umgewandelt. Goethe fiel die große Härte und graue Färbung dieses Gesteins auf. Wie an der Rehberger Klippe versuchte er, diese kontaktmetamorphe Überprägung der Gesteine durch mechanische und chemische Prozesse zu erklären.

Die Grenze zwischen Granit und Hornfels ist nahe dem höchsten Punkt des heutigen Wanderweges rechts der Bode oberhalb des Bodekessels gut sichtbar. Die kontaktmetamorphe Überprägung der Gesteine läßt flußaufwärts rasch nach. Goethe beschrieb diesen Übergang im ›Geognostischen Tagebuch‹ folgendermaßen: *»Am engen Weg (so wird der Ort genannt, wo die Bude sich zwischen engere Felsen hineindrängt) fand sich die Scheidung zwischen Granit und Schiefer. ... [–] Unmittelbar am Granit wird das Gestein ganz quarzartig ..., darneben mischt er sich mehr und wird gleich völlig Granit ... Diese Veränderungen werden kaum einen Fuß Breite einnehmen.«* (WA II 9, 167) Wenige Zeilen weiter folgt die Bemerkung: *»Die ausführlichere Beschreibung des Granits unter dem Roßtrapp steht auf einem aparten Blatte.«* (WA II 9, 168) Hier beschrieb er die Klüfte am Roßtrappenfelsen, deren Verlauf er genau untersucht und eingemessen hatte.[11]

Am 10. September besuchten Goethe und Kraus wahrscheinlich die Teufelsmauer (Abb. 31) nördlich von Thale. Goethe beschrieb im ›Geognostischen Tagebuch‹ Klippen, die er als *»übriggebliebene Wände eines Sandsteingebirges«* (WA II 9, 168) bezeichnete. Auch hier, ähnlich wie in der Nähe von Goslar, sind es Reste von Schichten, die während der Hebung der Harzscholle steil aufgerichtet wurden. Bei der Teufelsmauer handelt es sich um Kreidesandstein, der teilweise von einer verkieselten Kruste überzogen ist, was die Abtragung erschwert. So konnte die Teufelsmauer, ein bekanntes Naturdenkmal, herausmodelliert werden. Den Verlauf der Teufelsmauer gab Goethe korrekt mit Nordwest-Südost an. Außerdem beschäftigte ihn hier noch die Verwitterung des Sandsteins, der durch das Herauslösen einzelner Bestandteile ganz *»durchlöchert und zerfressen«* (WA II 9, 168) aussieht.

Am 11. September weilten Goethe und Kraus nochmals im Bodetal. In einer erst aus dem Nachlaß gedruckten, zum ›Geognostischen Tagebuch‹ gehörigen Aufzeichnung beschrieb Goethe die Bestandteile des Granits (gräulicher Quarz, weißer Feldspat, silbergrauer bis schwärzlicher Glimmer) und wies auf Abweichungen hin. Im Rambergpluton wechseln fein- und grobkörniger Granit. Dieser Wechsel ist z. B. auch am heutigen Goethefelsen[12] (Abb. 30) gut zu sehen. Unterhalb des Roßtrappenfelsens beschäftigte sich Goethe besonders mit der Klüftung des Granits. Er glaubte *»regelmäßige Lagen in der großen unordentlichen Mannichfaltigkeit zu erblicken«* (WA II 10, 140) und nahm sich vor, dieses Problem näher zu untersuchen. Während der gesamten Wanderung durch den Harz schenkte er der Klüftung des Granits besondere Beachtung.

Weiter ging die Reise nach Blankenburg. Auf dem Weg dorthin sah Goethe im Harzvorland ein rotes Sandsteingebirge. Hierbei handelt es sich um den westlichen Teil der Teufelsmauer zwischen Timmenrode und Blankenburg. Der Weg führte dann am Ziegenkopf vorbei nach Rübeland. Besonders interessant ist hier der Devonkalkstein, den Goethe beschrieb und der auch damals bereits abgebaut wurde. In seinen Aufzeichnungen erwähnte Goethe die Baumannshöhle (Abb. 32, 33) nicht. Da Kraus hier aber Zeichnungen anfertigte, ist anzunehmen, daß beide Reisende die Höhle besuchten, was allerdings auch schon am 7. September hätte geschehen sein können. Wahrscheinlich ist jedoch, daß Goethe und Kraus den Abstecher nach Rübeland am 11. September unternahmen, um die Höhle aufzusuchen.

Die Rübeländer Tropfsteinhöhlen sind Karsthöhlen, sie entstanden aufgrund der Wasserlöslichkeit des Kalksteins durch eindringendes Sickerwasser. Während der tropischen und subtropischen Temperaturverhältnisse im Tertiär setzte dieser Prozeß überall dort ein, wo durch Klüfte und Spalten kohlendioxidhaltiges

Wasser eindringen konnte. In geologischen Zeiträumen erweiterten sich die Hohlräume immer mehr, was zu einer höheren Fließgeschwindigkeit des Wassers führte. Zu dem chemischen Lösungsprozeß des Gesteins kam nun noch die mechanische Abtragung durch das fließende Wasser. Gebunden an das Niveau der Oberflächengewässer, erfolgte die Höhenbildung zeitlich parallel zu den periodischen Hebungen des Harzes und der damit verbundenen Eintiefung der Bode. So sind sechs übereinanderliegende Höhlensohlen bekannt, deren höchstgelegene die älteste ist.

Von Rübeland kehrten Goethe und Kraus nach Blankenburg zurück und reisten von dort nach Langenstein weiter. Hier hielten sie sich wahrscheinlich zwei Tage bei Frau von Branconi auf, bevor sie am 14. September nach Weimar abfuhren.

Der dritte Besuch im Harz war nicht nur Goethes längster Aufenthalt in diesem Gebirge, er war auch der für den Geologen, Naturforscher und Vorsitzenden der Ilmenauer Bergbaukommission bedeutendste. Fast zwei Wochen konnte er sich ausschließlich seinen geologischen Beobachtungen widmen, die er in seinem ›Geognostischen Tagebuch‹ detailliert festhielt. Über die äußeren Umstände seiner dritten Harzreise hat er dagegen nur wenig berichtet.

Goethe kam danach nicht mehr zu geologischen Forschungen in den Harz, doch er verglich auf vielen seiner Reisen, ob in Böhmen oder in Italien, des öfteren vorgefundene geologische Sachverhalte mit seinen Beobachtungen in diesem Gebirge. In seiner Abhandlung ›Über den Granit‹ regte Goethe selbst zu weiteren Forschungen auf diesem Gebiet an: »... *und sollte ich auch nicht so glücklich sein, wie ich wünsche und hoffe, so werden doch meine Bemühungen andern Gelegenheit geben, weiter zu gehen; denn bei Beobachtungen sind selbst die Irrtümer nützlich, indem sie aufmerksam machen und dem Scharfsichtigen Gelegenheit geben, sich zu üben.*« (WA II 9, 177)

Nach seiner Rückkehr nach Weimar äußerte er sich in mehreren Briefen über seine Erlebnisse im Harz. Am 29. September 1784 schrieb er an den Staatsminister von Fritsch: »*Auf dem Harze habe ich, indem ich meiner Liebhaberei nachging, sehr angenehme Tage gehabt und meine Kenntnisse in diesem Fach um vieles erweitert.*« (WA IV 6, 365) Merck teilte er am 2. Dezember 1784 mit: »*In Mineralogicis habe ich diesmal wieder auf dem Harze und Thüringer Wald viel gesammelt. Vom Harze werde ich nun balde die wichtigste Suite beisammen haben, die existieren kann. Von Gebürgsarten versteht sich; denn nach reichen und kostbaren Stufen lasse ich mich nicht gelüsten ... [–] Ich habe diesmal Krausen mit auf dem Harz gehabt, und er hat mir alle Felsarten nicht malerisch, sondern wie sie dem Mineralogen interessant sind gezeichnet.*« (WA IV 6, 401 f.)

Nachbemerkungen

Die Erlebnisse und Erfahrungen im Harz boten für Goethes weitere Beschäftigung mit geologischen Problemen viele Anknüpfungspunkte.

Seine Reisen führten ihn in den folgenden Jahren nach Italien und dann immer wieder in die böhmischen Bäder, wo er zwischen 1785 und 1823 insgesamt siebzehnmal zu Badeaufenthalten weilte.

In Italien machte Goethe zahlreiche geologische Beobachtungen und brachte viele Exponate für seine Sammlung mit nach Weimar zurück. Im September 1786 war er von Karlsbad aus heimlich nach Italien aufgebrochen. Erst im Frühsommer 1788 kehrte er nach Weimar zurück. Im März 1787 bestieg er den Vesuv und erlebte dort einen Lavaerguß, der jedoch relativ ruhig verlaufen sein soll. Die dabei angestellten Beobachtungen dürften seine Vorstellungen vom Vulkanismus stark beeinflußt haben; jedenfalls fiel es ihm schwer zu glauben, daß solche Prozesse für die Entstehung größerer Gebiete der Erdoberfläche verantwortlich sein könnten.

Während seiner Badeaufenthalte in Westböhmen beschäftigte sich Goethe auch intensiv mit geologischen Problemen. Insgesamt weilte er dreizehnmal in Karlsbad, dreimal in Marienbad und einmal in Teplitz. Im ganzen verbrachte er rund drei Jahre in den böhmischen Bädern. In dieser Zeit sammelte er viele Gesteine und widmete sich intensiv Fragen der Entstehung der Erdoberfläche. Seine erste Publikation zu geologischen Problemen war eine Erläuterung über die Karlsbader geognostische Sammlung, die 1807 in Leonhards ›Taschenbuch für die gesamte Mineralogie‹

veröffentlicht wurde. Zeugnisse der intensiven Beschäftigung Goethes mit der böhmischen Geologie sind auch seine zahlreichen Gesteins- und Mineralsammlungen aus der Umgebung der westböhmischen Bäder und dem angrenzenden Erzgebirge.

Auch auf anderen Reisen, ob nach Schlesien oder nur in die nähere Umgebung Weimars, beobachtete Goethe stets die Landschaft sehr genau und machte sich Gedanken über deren Entstehung.

Aber noch auf weitere geologische Fragen richtete sich Goethes Interesse. Er erkannte schon sehr früh die Bedeutung der Fossilien, der Versteinerungen von Tieren und Pflanzen, für die Datierung von Gesteinsschichten. An Merck schrieb er 1782 dazu: *»Es wird nun bald die Zeit kommen, wo man Versteinerungen nicht mehr durcheinanderwerfen, sondern verhältnismäßig zu den Epochen der Welt rangieren wird.«* (WA IV 6, 77) Seine systematische Sammlung von Versteinerungen ist auch aus heutiger Sicht bemerkenswert.

Ebenfalls sehr früh, im Gegensatz zu vielen Geologen seiner Zeit, erahnte er die Rolle des nordischen Eises für den Gesteinstransport. In weiten Teilen Mittel- und Osteuropas finden wir Gesteine skandinavischen Ursprungs. Durch riesige Gletscher wurden sie während der Eiszeiten in unser Gebiet transportiert und blieben nach dem Abtauen der Eismassen dort liegen. Diese uns heute recht selbstverständliche Tatsache war zur Zeit Goethes noch unbekannt, in der Fachwelt wurden lediglich Theorien über den Transport dieser Findlinge angestellt. Goethe leitete seine Hypothese aus seinen Kenntnissen über die Gletscher der Alpen ab. So schrieb er, daß *»eine große Kälte bei tausend Fuß Höhe des allgemeinen Wasserstandes einen großen Teil des nördlichen Deutschland durch eine Eisfläche«* (WA II 9, 255) verbunden haben müsse. In der weiteren Erörterung ging er allerdings von einem Transport der Findlinge auf Eisschollen aus.

Recht unbekannt ist Goethes Anteil an der Farbgebung der geologischen Karten. Er nahm regen Anteil an der Geognostisch-Geologischen Karte Deutschlands, die der Geograph Christian Keferstein 1821 herausgab, und schrieb in einer Rezension dazu, er habe *»zur Färbung der geognostischen Karte Vorschläge«* gemacht: *»Wird nun der intendierte geognostische Atlas auf solche Weise durchgeführt, so wäre zu wünschen, daß die Freunde dieser Wissenschaft sich vereinigten und dieselben Farben zur Bezeichnung eben desselben Gesteins anwendeten, woraus eine schnellere Übersicht hervorträte und manche Bequemlichkeit entstünde.«* (WA II 9, 217, 219) Die von Goethe vorgeschlagene Farbgebung geologischer Karten wurde auf dem 2. Internationalen Geologenkongreß 1878 in Bologna in ihren Grundzügen bestätigt und ist prinzipiell auch heute noch gültig.

Goethe versuchte, in seinen naturwissenschaftlichen Untersuchungen die Erscheinungen, Prozesse und Zusammenhänge mittels der Anschauung empirisch zu erfassen. Die bloße Aneignung von Erkenntnissen anderer genügte ihm nicht. Dies kommt auch zum Ausdruck, wenn er sich bezüglich seiner geologischen Studien rückschauend daran erinnerte, wie er sich *»seit funfzig Jahren in diesem Fache gemüht, wie [ihm] kein Berg zu hoch, kein Schacht zu tief, kein Stollen zu niedrig und keine Höhle labyrinthisch genug war«* (WA II 9, 217). Damit war er seiner Zeit in vielem voraus.

Anerkennung fanden Goethes gesamte Bemühungen auf naturwissenschaftlichem Gebiet auch durch seine Aufnahme in mehrere wissenschaftliche Vereinigungen. 1806 wurde er auf Vorschlag Alexander von Humboldts Mitglied der Preußischen Akademie der Wissenschaften zu Berlin, 1818 der Deutschen Akademie der Naturforscher Leopoldina, 1826 der Petersburger Akademie der Wissenschaften und 1830 der Polnischen Akademie der Wissenschaften.

Goethes Arbeiten zur Naturwissenschaft insgesamt haben trotz der Sorgfalt und Genauigkeit der Beobachtungen nicht die Unvergänglichkeit seiner poetischen Werke erreicht. Dennoch sollten sie auch unter Fachwissenschaftlern nicht der Vergessenheit anheimfallen. Der Physiker Max Steenbeck drückte dies sehr treffend aus, indem er sagte: *»In unserer rein rational bestimmten Arbeitsmethodik haben wir Naturforscher fast vergessen, wie groß auch heute noch der emotionale und oft sogar ästhetische Inhalt einer Erkenntnissuche sein kann, wie ihn Goethe im Sinne hatte. ... Eine Persönlichkeit wie Goethe kann ihre Bedeutung für Menschen nie verlieren, die in ihrer*

Weltbetrachtung nicht an der Oberfläche bleiben wollen und nach allgemeingültigen Zusammenhängen suchen.«[13]

Die tiefen und vielseitigen Erkenntnisse, die Goethe dem Harz verdankte, haben sein dichterisches Schaffen und sein Forschen auf naturwissenschaftlichem Gebiet sein ganzes Leben lang beeinflußt. Nach seinen drei längeren Reisen weilte Goethe in der Folgezeit nur noch zweimal kurz im Harz. 1789 begleitete er die Weimarer Herzogin Luise nach Ascherleben zu ihrem Gatten Karl August, der als Generalmajor ein dort stationiertes Regiment befehligte und seit dem Frühjahr in seiner Garnisonstadt residierte. Die Herzogin und Goethe hielten sich dort vom 19. September bis 8. Oktober auf. Man kann annehmen, daß Goethe von Aschersleben aus Ausflüge in den östlichen Harz unternommen hat. Wahrscheinlich besuchte er auch mit der Herzogin die Roßtrappe.

1805 sah Goethe zum letzten Mal den Harz. Mit seinem Sohn August fuhr er von Halberstadt nach Halle am nördlichen Harzrand entlang. Sie suchten das Bodetal auf, besichtigten den Eisenerzhammer in Thale und erstiegen den Roßtrappenfelsen. Goethe konnte damit seinem fünfzehnjährigen Sohn Teile des Harzes zeigen, die ihn nachhaltig beeindruckt hatten. Auf der Weiterreise besuchten sie den Stubenberg bei Gernrode und setzten die Reise dann über Ballenstedt und Aschersleben fort.

Wir hoffen, dem Leser hat diese Studie über den Geologen Goethe und den Harz einige Anregungen vermittelt, und er wird bei seinen künftigen Wanderungen durch den Harz nicht nur die landschaftlichen Schönheiten genießen, sondern auch dem geologischen Bau des Harzes und seiner Entstehung einige Aufmerksamkeit widmen.

Goethes Reiserouten durch den Harz

Erste Harzreise 1777

29. 11.:	Weimar – Weißensee – Greußen
30. 11.:	Greußen – Sondershausen – Nordhausen – Niedersachswerfen-Ilfeld
1. 12.:	Ilfeld – Elbingerode – Rübeland – Elbingerode
2. 12.:	Elbingerode – Rübeland – Elbingerode
3. 12.:	Elbingerode – Wernigerode
4. 12.:	Wernigerode – Ilsenburg – Goslar
5. 12.:	Goslar: Bergwerk im Rammelsberg
6. 12.:	Goslar – Oker – Goslar
7. 12.:	Goslar – Clausthal
8. 12.:	Clausthal: Gruben Caroline, Dorothee, Benedicte
9. 12.:	Clausthal – Altenau
10. 12.:	Altenau – Torfhaus – Brocken – Torfhaus
11. 12.:	Torfhaus – Altenau – Clausthal
12. 12.:	Clausthal – St. Andreasberg
13. 12.:	St. Andreasberg – Lauterberg – Duderstadt
14. 12.:	Duderstadt – Mühlhausen – Eisenach

Zweite Harzreise 1783

11. 9.: Langenstein – Roßtrappe – Blankenburg
12. 9.: Blankenburg – Rübeland – Langenstein
13. 9.: Langenstein – Halberstadt
14.–17. 9.: Halberstadt
18. 9.: Halberstadt – Zellerfeld
19./20. 9.: Zellerfeld
21. 9.: Zellerfeld – Torfhaus – Brocken – Heinrichshöhe
22. 9.: Heinrichshöhe – Schierke – Elend – Oderteich – St. Andreasberg
23. 9.: St. Andreasberg – Zellerfeld
24./25. 9.: Zellerfeld
26. 9.: Zellerfeld – Göttingen

Dritte Harzreise 1784

8. 8.: Weimar – Dingelstädt
9. 8.: Dingelstädt – Duderstadt – Lauterberg
10. 8.: Lauterberg – Osterode – Zellerfeld
11. 8.: Zellerfeld
12. 8.: Zellerfeld – Wildemann – Grund – Zellerfeld
13. 8.: Zellerfeld und Clausthal
14. 8.: Zellerfeld – Hanskühnenburg – Zellerfeld
15. 8.: Zellerfeld – Goslar
16. 8.: Goslar – Braunschweig
17.–31. 8.: Braunschweig
1. 9.: Braunschweig – Goslar
2. 9.: Goslar – Oker – Okertal – Oker
3. 9.: Oker – Torfhaus – Brocken – Heinrichshöhe
4. 9.: Heinrichshöhe – Ahrensklint – Feuersteinklippen – Elendstal – Schierke oder Elend
5. 9.: Schierke oder Elend – Schnarcherklippen – Königshof – Elbingerode
6. 9.: Elbingerode
7. 9.: Elbingerode – Susenburg – Rübeland – Neuwerk – Wendefurth
8. 9.: Wendefurth – Altenbrak – Treseburg – Thale
9. 9.: Thale – Bodetal – Thale
10. 9.: Thale – Teufelsmauer – Thale
11. 9.: Thale – Bodetal – Blankenburg – Rübeland – Blankenburg – Langenstein
12./13. 9.: Langenstein
14. 9.: Langenstein – Weimar

Die Zeichnungen von Georg Melchior Kraus

Der Maler Georg Melchior Klaus begleitete Goethe im August und September 1784 auf seinen Wanderungen und Exkursionen im Harz. Seine Zeichnungen sollten dazu dienen, Goethes Bemerkungen im ›Geognostischen Tagebuch‹ näher zu erläutern und bildliche Beweise für Goethes Untersuchungen und Theorien zur Gestaltung der Felsen und deren Klüftung zu liefern. Ein großer Teil der geologischen und bergbaulichen Objekte, die Kraus nach Goethes Hinweisen zeichnete, wird im folgenden näher erläutert. Goethe veröffentlichte 1824 eine Aufstellung der Zeichnungen und Skizzen und äußerte sich bewundernd über deren Qualität und Anschaulichkeit. Besonders für seine Beobachtungen über die Klüftung der Gesteine waren ihm die Zeichnungen eine große Hilfe. »*Nicht allein alle Felsarten des Urgebirges, sondern bis herauf zum bunten Sandstein und weiter haben das Bedürfnis, sich in mannichfachen regelmäßigen Richtungen zu trennen, so daß Parallelepipeden [parallele ebene Flächen – d. V.] entstehen, welche wieder in der Diagonale sich zu durchschneiden die Geneigtheit haben. Diesem allgemeinen Gesetze habe ich vor vierzig Jahren am Harze nachgespürt und bewahre davon die schönsten Zeichnungen eines trefflichen Künstlers ... [–] Um sich aber von solcher Gestaltung der Steinmassen den Begriff zu erleichtern, so fingiere man, daß ein Gitterwerk durch sie durchgehe ... [–] Durch diesen Begriff kommt auch der Zeichner ganz allein zur Fähigkeit, Felsenwände und Gipfel richtig und wahrhaft darzustellen, indem er das Unsichtbare durch das Sichtbare sich verdeutlicht und den allgemeinen Charakter im Kleinen wie im Ungeheuren durchzuführen vermag. ... [–] Von der oben erwähnten, 1784 sorgfältig, mit manchen Aufopferungen durchgeführten Harzreise haben wir sehr schöne, noch jetzt wohlerhaltene schwarze Kreidezeichnungen, meist in groß Folioblättern mitgebracht.*« (WA II 9, 234 f.) Diese Zeichnungen werden durch eine Reihe von Skizzen ergänzt, die »*wenn auch mit weniger Zeitaufwand, doch immer zu jenem ausgesprochenen Zwecke mit Überlegung gefertigt*« (WA II 9, 239) wurden.

Die Gliederung der Zeichnungen erfolgt entsprechend der auf der dritten Harzreise zurückgelegten Route; Goethe hatte dagegen die Darstellungen des Granits an den Anfang gestellt, weil er für ihn das Urgebirge verkörperte. Wir verfolgen seinen Weg von Osterode über Zellerfeld und Clausthal, Goslar, den Brocken, durch das Bodetal bis nach Thale und Blankenburg.

Im Artikel ›Gestaltung großer anorganischer Massen‹ gibt Goethe eine kurze Erklärung zu jeder Zeichnung oder Skizze. Diese sollen am Anfang unserer Hinweise zu der jeweiligen Abbildung stehen. Ergänzt werden diese kurzen Erläuterungen gegebenenfalls noch durch Bemerkungen aus dem ›Geognostischen Tagebuch‹, über das Goethe im Anschluß an die Aufzählung der Zeichnungen und Skizzen bemerkte: »*Ein lakonisches, gleichfalls übriggebliebenes Tagebuch würde dabei noch weiter behülflich sein.*“ (WA II 9, 239)

Goethe sammelte im Harz viele Stücke für seine Gesteinssammlung. Umfangreich ist seine ›Suite der Gebirgsarten vom Harz‹, die er auf den Harzreisen von 1783 und 1784 zusammentrug. Mit den Zeichnungen von Georg Melchior Kraus besaß Goethe ein weiteres hervorragendes Anschauungsmaterial, dem zu dieser Zeit wahrscheinlich kein vergleichbares gegenüberstand. Auch heute noch sprechen uns diese Zeichnungen und Skizzen durch ihre exakte Darstellung und künsterische Schönheit an.

Abb. 8 · Gipsklippe bei Osterode

»Gipswände bei Osterode; reinlich umrissen und angetuscht, den schwachen Charakter dieser Gesteinsart glücklich ansprechend.« (WA II 9, 239)

Parallel zum südwestlichen Harzrand wurde südöstlich von Osterode, in Richtung Herzberg, und nordwestlich von Osterode, im Tal der Söse, Gips abgebaut.

Der Werra-Anhydrit erreicht zwischen Scharzfeld und Osterode seine maximale Mächtigkeit mit rund 200 Metern. Durch Wasseraufnahme wurde der Anhydrit in Obeflächennähe in Gips umgewandelt. Dabei trat eine erhebliche Volumenvermehrung ein. Die Tiefe dieser Umwandlung in Gips ist stark vom Relief und der Bedeckung der Oberfläche abhängig, gewöhnlich liegen die Mächtigkeiten des Gipses bei 15 bis 40 Metern. Bei Osterode finden sich sogar 60 bis 80 Meter hohe Gipswände. Der hier anstehende Gips ist durch seine hohe Reinheit (99,1 Prozent Gipsgehalt) ein hochwertiges Rohmaterial und wird zur Herstellung von Spezialgipsen, als Beimischung zum Portlandzement und als neutraler Füllstoff bei der Papier-, Pappen-, Farben- und Kittherstellung verwendet.

Besonders in der zweiten Zeichnung wird die Methode des Abbaus deutlich. Goethe besuchte die Gipsbrüche am 10. August 1784 auf der Fahrt nach Zellerfeld. Im ›Geognostischen Tagebuch‹ notierte er dazu: *»Nach Osterode zu, in der Gegend von ... war ein Gipsbruch zu sehn, der sehr schöne Formen hatte. Der Gips geht an der linken Seite der Teufelsbäder immer fort bis Osterode, wo er auf der Landseite sehr hohe Felsen macht ...«* (WA II 9, 156)

In Goethes Gesteinssammlung befindet sich ein Stück, bezeichnet als: *»Dichter weißer Gips bei Osteroda.«*[14]

Abb. 9 · Gipsklippe bei Osterode

Abb. 10 · Grauwacke bei Wildemann

»Graue Wacke, in der Nähe von Wildemann, flözartig gelagert; sorgfältigst ausgeführte Zeichnung.« (WA II 9, 238)

Geologisch befinden wir uns hier im Gebiet der Clausthaler Kulmfaltenzone. Hauptgesteine dieser Hochfläche, die in ungefähr 600 Meter Höhe liegt, sind Grauwacke, Tonschiefer und Kieselschiefer. Goethe weilte in Wildemann und dessen Umgebung am 12. August 1784. Möglicherweise hatte er diesen Aufschluß auch bereits im September 1783 bei seinen Exkursionen mit Trebra von Zellerfeld aus gesehen. Im ›Geognostischen Tagebuch‹ vermerkte er: *»Nach dem Wildemann auf dem Zuge am Fuße des Badstubenberges eine Felspartie hinter einem Hause, die Kr. gezeichnet; darnach ist das Modell zu fertigen.«* (WA II 9, 157)

Abb. 11 · Der Hübichenstein

»Der Hübichenstein, Kalkfelsen am Iberge in der Nähe der Bergstadt Grund, eigentlich ein Korallenfels, an welchem auch die tellurischen Trennungen, obgleich unregelmäßig, zu bemerken sind. Vollkommen ausgeführte Zeichnung. Die zweite Vignette in dem wichtigen Werke unseres abgeschiedenen Freundes von Trebra (Erfahrungen vom Innern der Gebirge. Dessau und Leipzig 1785. Fol.) ist eine leichte Skizze nach der mit der größten Sorgfalt vollkommen ausgeführten Zeichnung.« (WA II 9, 238)

Der Hübichenstein (430 m) befindet sich etwa 20 Minuten nördlich von Bad Grund am Fuße des Iberges. Der Felsen ist 40 Meter hoch und heute durch eine Treppe zugänglich. Einer Sage nach soll der Eingang zum Reich des Zwergenkönigs Hübich unter dem Felsen gelegen haben. Geologisch gesehen liegt der Hübichenstein am Westrand des Iberg-Winterberger Devongebietes, unmittelbar am Übergang zu den Kulm-Grauwacken, von denen dieses Gebiet durch Störungen getrennt ist. Das Kalkgebiet nimmt nur etwa 1,5 km^2 ein. Bei dem hier anstehenden devonischen Kalkstein handelt es sich um Riffkalk, der an manchen Stellen Korallen und Schnecken in großen Mengen enthält.

Die Höhle unterhalb des Hübichensteins ist eine der zahlreichen Pingen in dieser Gegend. Auf der Störung zwischen Kalkstein und Grauwacken sitzen Brauneisensteingänge auf. Diese bereits seit langer Zeit am Iberg bekannten Gangerze wurden bis ins vorige Jahrhundert abgebaut.

Goethe besuchte den Hübichenstein gemeinsam mit dem Herzog und Trebra am 12. August 1784 von Zellerfeld aus. Die von Kraus angefertigte Zeichnung vom Hübichenstein diente neben anderen Darstellungen von ihm als Abbildung in Trebras geologischer Abhandlung ›Erfahrungen vom Innern der Gebirge‹.

In Goethes Gesteinssammlung befindet sich ein Stück vom Hübichenstein, versehen mit der Ortsangabe ›von Giebichenstein bei Grund am Harz‹[15].

Abb. 12 · Die Hanskühnenburg

»Hans-Kühnenburg; Sandstein, völlig ausgeführte charakteristische Zeichnung.« (WA II 9, 238)

Der Acker-Bruchberg-Zug, auf dem sich die Hanskühnenburg befindet, liegt zwischen Clausthal-Zellerfeld und St. Andreasberg. Der Felen erhielt diesen Namen nach einer Sage, nach der er ehemals eine Raubritterburg gewesen sein soll. Er ist etwa 8 Meter hoch und befindet sich in 811 Meter Höhe.

Geologisch handelt es sich hier um den Acker-Bruchberg-Quarzit, der auf der Kammhöhe mächtige Klippenzüge bildet. Ein sehr markantes Beispiel ist der Felsen der Hanskühnenburg. In diesem Gebiet stehen konglomeratische Quarzite mit zahlreichen, bis über erbsengroßen Geröllen von Quarz und Schiefer an. Wittern diese leicht zerstörbaren Gerölle aus, so entstehen die bezeichnenden Löcherquarzite dieser Region.

In Goethes Gesteinssammlung befinden sich zwei Stücke ›Sandstein‹ von der Hanskühnenburg, das eine *»durchlöchert mit inneliegenden groben Quarzkörnern«*, das andere *»sehr reich an Quarz«*.[16]

Im ›Geognostischen Tagebuch‹ wird die Hanskühnenburg nicht erwähnt. Goethe besuchte diesen Felsen jedoch höchstwahrscheinlich am 14. August 1784 von Zellerfeld aus. Auf dem Weg zum Brocken verglich er das an den Lerchenköpfen anstehende Gestein mit dem bereits an der Hanskühnenburg beobachteten.

Abb.13 · Der Rammelsberg bei Goslar

»Rammelsberg bei Goslar; meisterhafte kleine Zeichnung, den ödesten trostlosesten Zustand, auf der Oberfläche metallischer Naturschätze, vergegenwärtigend.« (WA II 9, 240)

Der Rammelsberg liegt heute am südlichen Stadtrand von Goslar. Der Bergbau im Rammelsberg wurde nachweislich schon seit 968, insbesondere auf Silber, betrieben, begann aber wahrscheinlich schon wesentlich früher. Der mit ihm verbundene Reichtum hatte die schwungvolle Entwicklung der Stadt Goslar zur Folge.

1765 wurde der Pferdegöpel im hier gezeichneten Kannekuhler Schacht durch ein sogenanntes Kehrrad ersetzt, das mit Wasserkraft angetrieben wurde. Am Damm des Herzberger Teiches befand sich ein 9 Meter großes Wasserrad, das über ein 350 Meter langes Feldgestänge die Seiltrommel des Schachtes antrieb.[17] Auf der Zeichnung sehen wir rechts dieses Feldgestänge, das zum Kannenkuhler Schacht führte. Links daneben befand sich der sogenannte Huntelauf, eine Gefäßförderung für das Feinerz zu der auf der Talsohle gelegenen Aufbereitungsanlage.

Goethe befuhr den Rammelsberg am 5. Dezember 1777 und am 1. September 1784. Im ›Geognostischen Tagebuch‹ erwähnt er die von ihm beobachtete Überkippung der Schichten. Auf einem separaten Blatt notierte er seine Eindrücke über das Feuersetzen.

In Goethes Gesteinssammlung befinden sich 7 Sammlungsstücke aus dem Rammelsberg. Es handelt sich dabei um Schiefer, Eisenstein, Bleiglanz und Kupferkies.

Abb. 14 · Schieferbruch bei Goslar

Goethe erwähnt dieses Blatt in seiner Aufstellung der Zeichnungen und Skizzen von Georg Melchior Kraus nicht; die skizzenhafte Darstellung könnte auch von ihm selbst stammen. Abgebildet ist die Ratsschiefergrube am Hessenkopf an der alten Harzstraße Goslar – Osterode, etwa 3,5 Kilometer südwestlich von Goslar gelegen.[18]

Geologisch befinden wir uns im Verbreitungsgebiet der mitteldevonischen Wissenbacher Schiefer, die zum Oberharzer Devonsattel der Clausthaler Faltenzone gehören. Diese Schiefer werden im Raum Goslar bis 700 Meter mächtig. Es handelt sich vorwiegend um dunkelblaue bis graue, glatte, ebenflächige und dünnschiefrige Tonschiefer, die in der Umgebung von Goslar in reinen, vollkommen geschieferten Bänken auch als Dachschiefer gewonnen werden.[19]

Im ›Geognostischen Tagebuch‹ notierte Goethe unter dem 2. September 1784: *»Schieferbruch bei Goslar. Gegen Zellerfeld. Die Hauptablösungen der Tafeln streichen gleichfalls hor. 4–5. Die durchsetzenden, den Rhombus formierenden Klüfte hor. 9–10. Diese gehen mehr oder weniger durch die Gänge durch, sind vielfältig und oft mit Kalkspat durchzogen.«* (WA II 9, 157)

In Goethes Gesteinssammlung befindet sich ein bezeichnetes Stück: *»Grauer Tonschiefer aus dem Bruch bei Goslar.«*[20]

Abb. 15 · Die Klause bei Goslar

»Die Klause bei Goslar; Sandstein; charakteristisch.« (WA II 9, 239)

Der Klusfelsen oder die Klause befindet sich am nordöstlichen Stadtrand von Goslar. Es handelt sich um Hilssandstein der unteren Kreidezeit. Der Sandstein hat meist eine grünliche Färbung und verwittert zu einem gelblichen porösen Gestein.

Goethe besuchte den Klusfelsen am 2. September 1784. Im ›Geognostischen Tagebuch‹ machte er sich dazu umfangreiche Notizen: *»Von Goslar nach dem Lande zu steht eine Sandsteinklippe frei, sie hat sich bloßstehend erhalten, da die benachbarten verwittert sind. Das Streichen ihrer langen Seiten, von der Kr. eine zeichnete, ist hor. 9. Der Fels besteht aus ganz feinem, sehr gleichem Sande und hält durch kein merkliches Bindemittel zusammen. Äußerlich überzieht er sich mit einer Art Kruste, die ihn vor dem völlgen Auseinanderfallen bewahrt, sie ist aber leicht abzuschaben und zu zerbröckeln. In Ritzen, die durch ihn durchgehen, haben sich Quarzadern erzeugt, die den Stein einigermaßen befestigen.«* (WA II 9, 157 f.)

In der Gesteinssammlung befindet sich ein Stück, bezeichnet: *»Grober Sandstein von der Clauseburg bei Goslar.«*[21]

Abb. 16 · Kieselschieferklippe an der Oker

»Kieselschieferklippe an der Oker, merkwürdig wegen der horizontalen und vertikalen Ablösungen. Charakteristische Skizze.« (WA II 9, 237)

Ein Aufschluß, der hierfür in Frage kommt, befindet sich im Achtermannstal, kurz oberhalb von dessen Einmündung in das Okertal, links des Baches.[22] Die Klippe besteht vermutlich aus unterdevonischen Gesteinen, die durch das Einwirken des Oker-Plutons zu Quarziten und Hornfelsen umgewandelt wurden. Hauptsächlich sind dunkelfarbige Kalksandstein-Hornfelse zu beobachten.

Goethe vermerkte im ›Geognostischen Tagebuch‹ unter dem 2. September 1784: *»Von der Messinghütte an der Oker hinauf links sogleich ein Felsenschiefer, wo die Flözlager sehr sichtbar erscheinen.«* (WA II 9, 158)

Abb. 17 · Der Treppenstein an der Oker

»Treppenstein an der Oker; regelmäßig rechtwinklich getrennte Granitmasse.« (WA II 9, 240)

Die Granitklippe des Treppensteins befindet sich rechts der Oker zwischen dem Ort Oker (heute Stadtteil von Goslar) und dem Okerstausee. Die Skizze stellt einen Ausschnitt aus der 90 Meter langen und bis zu 40 Meter hohen Nordwand des Treppensteins dar.[23]

Im Gegensatz zum Brocken- und Ramberggranit wird der Okergranit noch zu einem großen Teil von Kulmtonschiefern bedeckt, unter denen er beim Eindringen erstarrt ist. Das magmatische Gestein ist hier im wesentlichen nur in den Tälern in größerem Umfang aufgeschlossen. Der Okergranit ist kein selbständiger Pluton, er ist in der Tiefe mit dem Brockengranit verbunden. Das zeigen auch die wesentlichen Übereinstimmungen in den Gesteinsbestandteilen und in der Klüftung.

Goethe besuchte das Okertal am 2. September 1784. Im ›Geognostischen Tagebuch‹ notierte er: *»Am Treppenstein stehen die Granitwände perpendikular [d. h. senkrecht – d. V.], die Klüfte streichen hor. 3, die Gegenklüfte hor. 11. [–] Dachschiefer liegt oben um die Klippe, ohne daß man ihn anstehen findet ...«* (WA II 9, 159)

In der Gesteinssammlung findet sich ein Stück, bezeichnet: *»Vom Treppenstein im Okertale.«*[24]

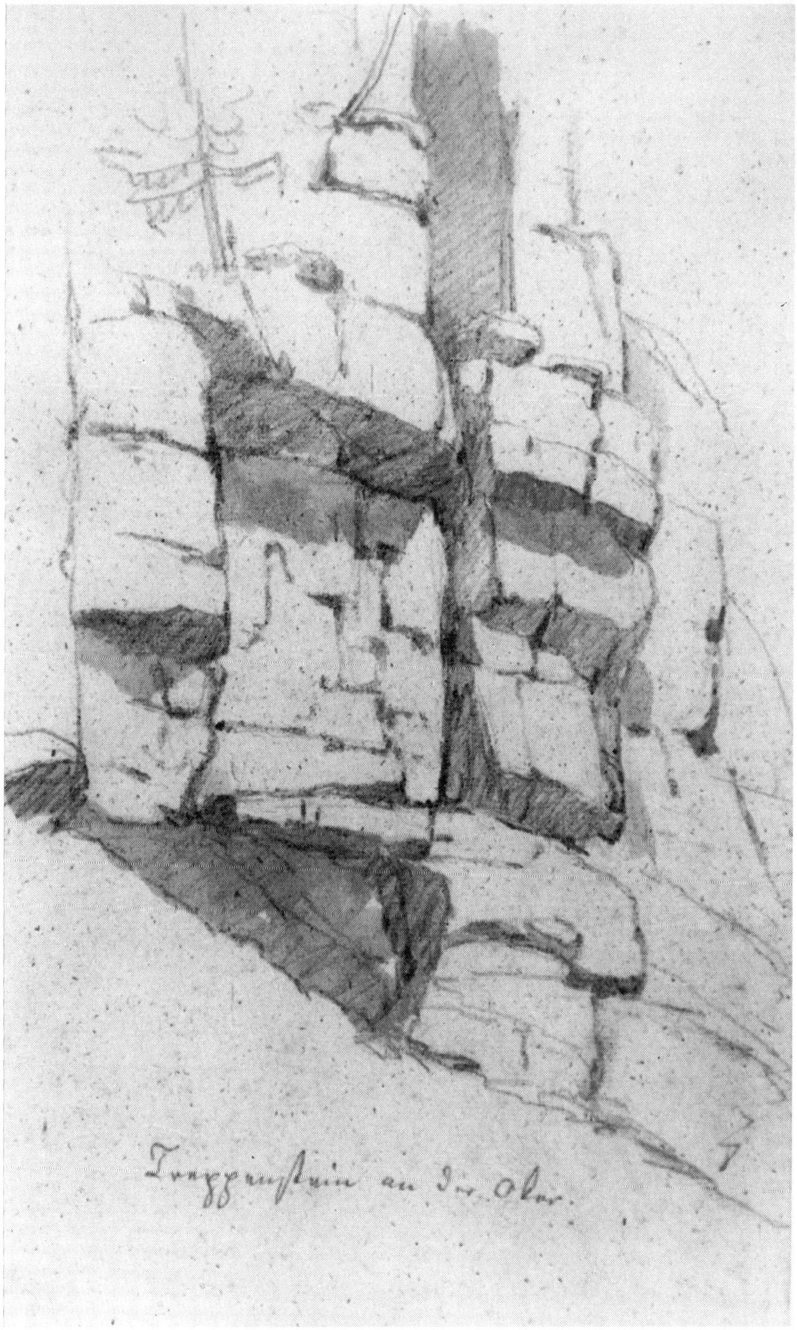

Abb. 18 · Granitklippe im Okertal

»Unter dem Treppensteig am Wasser; an unfömliche Granitmassen anstoßende sanftgeneigte regelmäßige Bänke desselben Gesteins.« (WA II 9, 240)

Die gezeichnete Klippe liegt am linken Ufer der Oker gegenüber dem Treppenstein und heißt heute ›Teufelskanzel‹. Die Höhe vom Flußbett bis zum Gipfel beträgt etwa 15 Meter. Sie befindet sich in einer Flußbiegung, nicht weit unterhalb der stillgelegten Holzschleiferei.[25] Hier ist das Okergranit auch am linken Ufer der Oker aufgeschlossen.

Goethe besuchte diese Felsengruppe ebenfalls am 2. September 1784. Im ›Geognostischen Tagebuch‹ fand sie keine Erwähnung.

Abb. 19 · Granitklippe im Okertal

»Granitklippe im Okertal, zum Begriff von verborgenen und offenbaren Zerklüftungen sehr dienlich.« (WA II 9, 237)

Es handelt sich hier um die Mittlere Kabergsklippe. Sie ist ungefähr 30 Meter hoch und befindet sich am linken Ufer der Oker, unmittelbar nördlich des heutigen Kraftwerks.[26] Sie liegt nicht weit von der zuvor beschriebenen Klippe entfernt. Goethe sah sie ebenfalls am 2. September 1784, erwähnte sie aber nicht im ›Geognostischen Tagebuch‹.

Abb. 20 · Teufelskanzel

»Teufelskanal und Hexenaltar auf dem Brocken; meisterhaft charakteristischer Umriß, hinreichend schattiert.« (WA II 9, 236) Zu einer Skizze vom Hexenaltar vermerkte Goethe: *»Hexenaltar auf dem Brocken, in geschichteter Lage; noch vor funfzig Jahren glaubte man hier eine durch Menschenhände aufgerichtete Mauer zu erblicken.«* (WA II 9, 239 f.)

Die Teufelskanzel und Hexenaltar genannten Klippen befinden sich am südlichen Rand des Brockenplateaus.

Im Anschluß an die variskische Gebirgsbildung drangen vor rund 290 Millionen Jahren aus der Tiefe große Massen schmelzflüssigen Magmas in die gefalteten Sedimentgesteine ein. Sie erstarrten zu Granit, bevor sie die Erdoberfläche erreichten. Im Verlauf der erdgeschichtlichen Entwicklung wurden die über dem Granit lagernden Gesteinsschichten am Brocken abgetragen. In der Umgebung des Brockens, so z. B. auf dem Erdbeerkopf, der Achtermannshöhe und dem Wurmberg, sind die überlagernden Schiefer, die kontaktmetamorph zu Hornfels umgewandelt wurden, erhalten. Das Brocken-Granitmassiv nimmt eine Fläche von etwa 150 km^2 ein.

Während der Abkühlung und Erstarrung des Magmas zerriß das entstandene Gestein an zwei senkrecht aufeinanderstehenden Systemen paralleler Klüfte. Diese Klüfte durchziehen etwa in einem Abstand von 1–2 Metern das Gestein.

Im Gebiet des Brockengranits entstanden zahlreiche Klippen, neben den Klippen auf dem Brockenplateau selbst z. B. die Schnarcherklippen, der Ahrensklint und die Feuersteinklippen. Im warmen Klima des Tertiärs wurden die paläozoischen Gesteine des Harzes, besonders die Granite, tiefgründig vergrust, d. h. in ein sandig-kiesiges Lockermaterial umgewandelt. Die Vergrusung drang entlang der Kluftfugen in die Tiefe und rundete die vierkantigen Blöcke zu Wollsackformen ab. Im kälteren Klima des Quartärs wurden diese lockeren Gesteinshüllen dann abgetragen. Die Granitklippen haben der Abtragung durch günstige Lage der Platten oder besondere Härte des Gesteins weitestgehend widerstanden.

Abb. 21 · Hexenaltar

An Stellen, wo diese Verhältnisse ungünstiger waren, entstanden sogenannte Blockschuttmeere. Durch Verwitterung und mechanisches Abbröckeln wurde das gelokkerte Material der Blöcke zwischen den Klüften herausgespült. Dadurch verloren die Blöcke ihren Zusammenhalt und konnten hangabwärts transportiert werden.

Goethe besuchte den Brocken, mit 1 142 Metern die höchste Erhebung des Harzes, auf allen drei Harzreisen. Zum erstenmal erstieg er den Berg am 10. Dezember 1777, zum zweitenmal mit Trebra am 21. September 1783 und dann am 3. September 1784. Im ›Geognostischen Tagebuch‹ notierte er nur das Streichen der Klippen: *»Die Richtung, welche die Klippen oben auf dem Brocken nehmen, ist hor. 12.«* (WA II 9, 160)

In seiner Gesteinssammlung befindet sich ein Stück vom Brocken: *»Von den bloßstehenden Felsen auf dem großen Brocken, von der Verwitterung stark angegriffen.«*[27]

Abb. 22 · Der Ahrensklint

»Ahrendsklint, eine Felsengruppe vom Brocken nordwestwärts [hier unterlief Goethe wahrscheinlich eine Verwechslung mit den Ahrensberger Klippen; der Ahrensklint liegt südöstlich vom Brocken – d. V.], *hievon stellt diese Nummer mit den drei folgenden einzelne Klippen vor Augen. Umriß einer großen Felsmasse, mit wenig vertikalen und vielen horizontalen Abteilungen.«* (WA II 9, 236)

Vom Ahrensklint existieren insgesamt vier Zeichnungen und eine Skizze. Zwei Abbildungen, die einzelne Felsen darstellen, wurden davon als Beispiele ausgewählt.

Die markante Felsgruppe des Ahrensklint nordwestlich von Schierke liegt 810 Meter hoch. Heute ist eine Klippe durch Leitern zugänglich; von oben bietet sich ein herrlicher Rundblick.

Geologisch sind die Klippen des Ahrensklint mit den Klippen auf dem Brockenplateau vergleichbar. Es handelt sich hier um mittelkörnigen Granit der Kernzone des Brockenplutons.

Goethe sah den Ahrensklint höchstwahrscheinlich bereits am 22. September 1783 auf der gemeinsamen Wanderung mit Trebra vom Brocken in Richtung Schierke. Näher untersuchte er die Felsengruppe dann am 4. September 1784, wo er im ›Geognostischen Tagebuch‹ notierte: *»Die Arendsberger Klippen richten sich auch miteinander hor. 12.«* (WA II 9, 160) Gemeint ist auch hier der Ahrensklint, denn die Beschreibung liegt zwischen den Angaben zum Brocken und denen zu den Feuersteinklippen.

In Goethes Gesteinssammlung befinden sich zwei Stücke vom Ahrensklint.

Abb. 23 · Der Ahrensklint

Abb. 24 · Die Feuersteinklippen

»Wernigeröder Feuerstein; der Hauptgegenstand von oben herein charakteristisch ausgeführt.« (WA II 9, 236)

Die Feuersteinklippen liegen unweit des heutigen Bahnhofs Schierke etwas im Wald versteckt in ungefähr 720 Meter Höhe. Auch hier handelt es sich um Kerngranit des Brockenplutons.

Goethe besuchte die Feuersteinklippen wahrscheinlich schon am 22. September 1783. Am 4. September 1784 schrieb er dann nach einer näheren geologischen Untersuchung in sein ›Geognostisches Tagebuch‹: *»In einer Kluft zwischen zwei Granitklippen auf den Feuersteinen ward die Magnetnadel irre; sie ward nicht scharf von den Felsen angezogen, vielmehr richtete sie sich schief gegen dieselbe. Sie kehrte sich beständig nach der Sonne, es war drei Uhr nach Mittag.«* (WA II 9, 161)

Abb. 25 · Die Schnarcherklippen

»Ein Schnarcher, einer der schönsten Granitfelsen, die auf dem Barenberge in der Nähe von Schierke stehen. Der Punkt ist bemerkt, wo dieser Fels die Magnetnadel verändert. Genauer Umriß, durch Schattierung hervorgehoben.« (WA II 9, 236)

Die sehr markanten Schnarcherklippen befinden sich südlich von Schierke, westlich des Gipfels des Barenberges, in etwa 660 Meter Höhe. Die Klippen sind fast 30 Meter hoch. Heute ist die nördliche der beiden Klippen über mehrere Leitern zu besteigen. Von oben bietet sich ein eindrucksvoller Blick auf das Brockenmassiv. Bei Südostwind entstehen Töne, die an Schnarchlaute erinnern.

Geologisch handelt es sich bei den beiden Schnarcherklippen um mikropegmatitischen Granit mit häufiger Neigung zu porphyrartigen Struktur. Am benachbarten Barenberg wird der Granit durch kontaktmetamorphen Hauptquarzit überdeckt. Goethe sprach bei diesem Kontaktgestein von Jaspisschiefer.

Er besuchte die Schnarcherklippen wahrscheinlich bereits am 22. September 1783 mit Trebra auf dem Weg von Elend zum Oderteich. Genauer untersuchte er sie am 5. September 1784. Im ›Geognostischen Tagebuch‹ notierte er nur: *»Die Schnarcher. Es zogen verschiedene Klippen den Magnet.«* (WA II 9, 161)

In die Klippen sind kleine Kreuze an den Stellen eingemeißelt, wo die Magnetnadel besonders stark abgelenkt wird, und zwar aus der Nord- bis in die Südrichtung. Eine Abweichung in eine bestimmte Richtung war nicht festzustellen. Diese Ablenkung ist wahrscheinlich auf die eingelagerten Magneteisenerze zurückzuführen, die durch die häufigen Blitzschläge wechselnde magnetische Felder aufweisen.

Abb. 26 · Bei der Susenburg

»Bei der Susenburg an der Bude, quarzreiches porphyrartiges Gestein; sorgfältiger Umriß der Hauptpartien.« (WA II 9, 237)

Die Susenburg, wahrscheinlich eine ehemalige Fliehburg, liegt zwischen Elbingerode und Rübeland links oberhalb der Bode. Von der Burganlage ist heute fast nichts mehr zu sehen.

Auf der Zeichnung wurde die Susenburg von der Bode aus dargestellt. Die zweite Zeichnung zeigt den Felsen im östlichen Teil der Susenburg. Sie ist im Verzeichnis der Krausschen Blätter nicht enthalten und stammt vielleicht von Goethe selbst.

Hier kommt es zur Kreuzung der beiden Varietäten der Mittelharzer Gänge. Dieses Gestein weist eine sehr große Härte auf.

Goethe, der die Susenburg am 7. September 1784 besuchte, äußerte sich zu diesem Gestein folgendermaßen: *». . . es ist ein graulicher Quarz, in den weiße Quarzkörner eingesprengt sind . . .«* Außerdem vermerkte er: *»Auf der Susenburg steht dieses Gestein auf dem Schiefer und setzt mit einem Rükken bis an die Bude hinab, die merklichen Trennungen desselben streichen hor. 7, und das Fallen der Bänke ist gegen Abend. Man hält diese Felsen gemeiniglich für die Mauern einer alten Burg. . . . Obengedachtes Gestein ist fast ganz quarziger Mischung; reiner weißer Quarz, in Gängen, Klüften und ganzen Klumpen, durchsetzt es und gibt ihm ein rauhes Ansehn.«* (WA II 9, 163 f.)

In Goethes Gesteinssammlung befinden sich vier Stücke von der Susenburg.

Abb. 27 · Felsen der Susenburg

Abb. 28 · Eisengrube im Tonschiefer

»Eisengrube in Tonschiefer vom Tage herein; Eisenstein und Gebirgsart sind so vermischt, daß gewissermaßen nur ein Raubbau stattfindet.« (WA II 9, 238)

Die Eisenerzlagerstätten im Mittelharz streichen an vielen Stellen übertägig aus, so daß für den Abbau günstige Bedingungen bestanden. Das Erz konnte zum größten Teil noch im Tagebau, in sogenannten Pingen, abgebaut werden.

In der Zeit der beginnenden Kalksedimentation im Devon kam es während einer hydrothermalen Nachphase des Vulkanismus zu einem Aufsteigen eisenhaltiger Lösungen, die durch Reaktion mit dem Meerwasser ausgefällt wurden.

Goethe und Kraus besuchten am 6. September 1784 zahlreiche Eisenerzgruben in der Umgebung von Elbingerode. Am Gräfenhagensberg nördlich von Elbingerode sahen sie z. B. auch eine Pinge.

Abb. 29 · Im Bodetal

»Aus der Höhe in der Schlucht weiter abwärts, wo die Bude sehr gedrängt ein Bekken macht. Man bemerkt den bei hohem Wasser durch das vorbeiströmende Floßholz ausgewaschenen Granit.« (WA II 9, 237)

Der hier dargestellte Teil des Bodetals befindet sich etwa in Höhe der heutigen Teufelsbrücke unterhalb der Roßtrappe.

Auch in diesem Gebiet kam es im Anschluß an die variskische Gebirgsbildung zum Emporsteigen großer Massen granitschen Magmas, die die Erdoberfläche jedoch nicht erreichten und in den alten gefalteten Sedimentschichten erstarrten. Im Tertiär wurde dieses Gebiet durch flächenhafte Abtragung eingeebnet, so daß der Granit des Rambergplutons freigelegt wurde. Der Ramberggranit bildete damals eine flache und breite Erhebung über der Ebene. Heute überragt er die Unterharzhochfläche in ähnlicher Weise. Die Bode floß in weiten Windungen über diese tertiäre Einebnungsfläche. Bei der Hebung des Harzes konnte der Fluß die Mäander nicht verlassen und schnitt sich immer tiefer in den Granit ein. Granit und feste Kontaktgesteine bildeten bei diesem wechselseitigen Prozeß der Hebung des Harzes und des Einschneidens der Bode steile Wände, z. T. auch Felsnadeln. Zum Granit hin wird das Bodetal von Treseburg aus aufgrund des sich erhöhenden Metamorphosegrades der Kontaktgesteine immer enger. Im Granit selbst bildet es fast nur eine Klamm. Schliff-Flächen und Strudelkessel an den Felsen oberhalb des gegenwärtigen Bodelaufes bezeugen die Tätigkeit des Wassers der Bode. Aber auch im heutigen Bodenniveau weisen Auskolkungen und Strudeltöpfe auf die enorme Erosionstätigkeit der Bode hin. Es handelt sich also nicht, wie Goethe annahm, um durch das Floßholz verursachte Vertiefungen. Besonders deutlich treten diese Erosionsformen in der Nähe der heutigen Teufelsbrücke auf.

Goethe weilte am 11. September 1783 mit Fritz von Stein im Bodetal unterhalb des Roßtrappenfelsens. Intensiver beschäftigte er sich mit dem Granit und seinen Abweichungen im Bodetal am 8., 9. und 11. September 1784. Am 14. August 1805 zeigte Goethe seinem Sohn August von Thale aus das Bodetal und den Roßtrappenfelsen.

Zum Granit unter dem Roßtrappenfelsen machte sich Goethe auf einem extra Blatt gesonderte Notizen: »Der Granit des Bude-Tals unter dem Roßtrapp wird durch Klüfte, die hor. 12 streichen, in Wände, diese wieder durch Gegenklüfte, ohngefähr h. 8 streichend, in rhombische Säulen getelt, welche wieder durch Flözklüfte dergestalt getrennt werden, daß bald größere, bald kleinere rhombische Säulen und Blöcke daraus entstehen.« (WA II 13, 292 f.)

In Goethes Gesteinssammlung befinden sich zahlreiche Gesteinsstücke von der Roßtrappe, aus dem Bodetal unterhalb der Roßtrappe und vom Übergang zwischen Granit und Hornfels.

Abb. 30 · Granitfelsen im Bodetal

»... aus dem Budetal emporsteigender Granitfelsen; vollkommen ausgeführte Zeichnung.« (WA II 9, 237)

Hier handelt es sich um den heutigen Goethefelsen, den ehemaligen Siebenbrüderfelsen am linken Ufer der Bode. Am Felsen ist die für Granit meist typische Wollsackverwitterung nicht ausgeprägt.

»Teufelsmauer bei Thale gegen Quedlinburg; so merkwürdig als schön gezeichnet, die Notwendigkeit des Einstürzens mancher Gebirgsarten unter gewissen Umständen vor Augen gestellt.« (WA II 9, 239)

Dargestellt ist hier der Teil der Teufelsmauer in der Nähe von Neinstedt zwischen Thale und Quedlinburg. Die Teufelsmauer ist seit 1852 ein geschütztes Naturdenkmal. Ihre Klippen sind bis zu 15 Meter hoch.

Durch die Hebung des Harzes wurden die Schichten des Buntsandsteins, Muschelkalks, Keupers und der Kreide steil aufgerichtet und zum Teil sogar überkippt. So auch der Heidelberg-Sandstein (benannt nach dem Heidelberg bei Blankenburg), der während der oberen Kreidezeit abgelagert worden war. Durch Abtragung dieses Gesteins kam es u. a. zur Herausmodellierung der Teufelsmauer. Es handelt sich hier um fein- bis mittelkörnigen Sandstein, der weiß oder durch Eisenoxidhydrat gelblich bis dunkelbraun gefärbt ist. Die steil aufgerichteten Sandsteinschichten der Teufels-

Abb. 31 · Felstürme der Teufelsmauer

mauer sind durch ein quarzitisches Bindemittel in ein oder zwei Lagen so stark verfestigt, daß sie der Erosion widerstanden, während die sie umgebenden weniger festen Sandsteinschichten abgetragen wurden. Die Kieselsäure des Bindemittels ist aber auch innerhalb der Klippen nicht gleichmäßig verteilt, so daß sehr vielgestaltige Gebilde herausmodelliert werden konnten. In der Nähe der Oberfläche des Sandsteins kam es zu einer starken Eisenanreicherung.

Goethe besuchte die Teufelsmauer am 10. September 1784 von Thale aus. Im ›Geognostischen Tagebuch‹ ging er ausführlich auf seine Beobachtungen ein: *»Es sind übriggebliebene Wände eines Sandsteingebirgs ... Die einzelnen Massen sind nicht so wohl abgerundet wie der Granit, sondern durchlöchert und zerfressen anzusehen, auch zerklüftet und zersprengt. [–] Ein Teil dieser Felsenstücke besteht aus einer festeren Quarzmasse, andere aus leicht zerreiblichem Sande, wieder andere sind von einer Quarzkruste überzogen, inwendig leicht zerreiblich. Wieder andere mit festeren Quarzadern durch den zerreiblichen Stein durchsetzt.«* (WA II 9, 168)

Abb. 32 · Eingang der Baumannshöhle

»Eingang zu der Baumannshöhle; klein Querfolio, angetuscht, die Marmormassen in ihrem charakterlosen Charakter wohl ausgedruckt.« (WA II 9, 238) – *»Kalkhöhle von oben erleuchtet; malerischer Effekt.«* (WA II 9, 240)

Der Eingang der Baumannshöhle befindet sich heute südlich der Straße im Ort Rübeland. Zur Zeit von Goethes Besuchen lag er noch 44 Meter über der Talsohle.

Geologisch handelt es sich um devonischen Kalkstein, der weiß bis grau gefärbt ist. Der Kalk wurde durch eindringende kohlensäurehaltige Sickerwasser zum Teil gelöst und in Form von Tropfsteinen ausgeschieden.

Goethe besuchte die Höhle dreimal. Zum erstenmal weilte er am 1. und 2. Dezember 1777 hier. Er zeichnete viel und war von den Naturgebilden begeistert. Zum zweitenmal kam er am 12. September 1783 mit Fritz von Stein in die Höhle. An Charlotte von Stein schrieb er: *»Wir haben gestern noch einen sehr schönen Tag gehabt, um nach der Baumannshöhle zu fahren . . .«* (WA VI 6, 197) Das Jahr darauf besuchte er höchstwahrscheinlich am 11. September zusammen mit Kraus die Höhle. Im ›Geognostischen Tagebuch‹ erwähnte er sie jedoch nicht.

In Goethes Sammlung der Gebirgsarten vom Harz befinden sich drei Gesteinsstücke aus der Baumannshöhle.

Abb. 33 · Inneres der Baumannshöhle

Abb. 34 · Festung auf dem Regenstein

»Festung auf dem Regenstein, in den Sandstein eingegraben; das Ganze zerstört und verwittert, klein Querfolio.« – *»Höhlen auf dem Regenstein; skizziert, nicht sonderlich charakteristisch.«* (WA II 9, 238)

Der Regenstein liegt nördlich der Stadt Blankenburg. Im Mittelalter wurde hier eine Burg errichtet, in die man bereits vorhandene Hohlräume mit einbezog. Im 15. Jahrhundert wurde der Regenstein als Wohnsitz aufgegeben. Seit 1670 bauten die Preußen den Regenstein zu einer beachtlichen Festung aus, die im Siebenjährigen Krieg zerstört wurde. Goethe fand also auf dem Regenstein nur noch die Reste von Burg und Festung vor, wie wir sie heute betrachten können.

Geologisch handelt es sich auch beim Regenstein um Heidelberg-Sandstein der Kreidezeit. Der Regenstein gehört zu einem herzynisch streichenden Höhenzug, der aus verkieseltem Sandstein besteht, und stellt einen Erosionsrest dar. Seine Nordflanke fällt steil ab, da dieser Bereich nicht von der Verkieselung erfaßt war.

Goethe besuchte den Regenstein vermutlich am 11. September 1784 auf dem Weg nach Langenstein. In seiner Gesteinssammlung befindet sich ein Stück, das bezeichnet ist: *»Rot und weiß gezeichneter Quarz in Klüften des Regensteins bei Blankenburg.«*[28]

Abb. 35 · Höhlen auf dem Regenstein

Erläuterung geologischer Begriffe

Adular: Abart des Kalifeldspates (Orthoklas)

Amethyst: → Quarz-Varietät violetter Färbung

Anhydrit: Gestein und Mineral, Kalziumsulfat ($CaSO_4$); durch Wasseraufnahme erfolgt der Übergang in → Gips

Auskolkung: trichter- oder kesselförmige Vertiefung im Flußbett, verursacht durch vom fließenden Wasser in strudelnde Bewegung versetztes Gesteinsmaterial

Brauneisenstein: auch Brauneisenerz (Limonit), wichtiges Eisenerz

Devon: Periode im Erdaltertum (→ Paläozoikum), begann vor etwa 405 Mill. Jahren und dauerte etwa 55 Mill. Jahre an

Erosion: Abtragung

Geognosie: ältere, von G. C. Füchsel (1722–1773) geprägte, heute nicht mehr gebräuchliche Bezeichnung für Geologie einschließlich Mineralogie und Lagerstättenlehre

Geologie: Wissenschaft von der Zusammensetzung, dem Bau und der Geschichte der Erde, besonders der Erdkruste

Gerölle: beim Transport durch fließendes Wasser mehr oder weniger abgerundete Gesteinsbruchstücke

Gips: gesteinsbildendes Mineral ($CaSO_4 \cdot 2H_2O$), durch Wasseraufnahme aus → Anhydrit oder durch Ausfällen aus wässeriger Lösung entstanden

Granit: magmatisches, in größerer Tiefe erstarrtes kristallinisch-körniges Massengestein aus vorwiegend Feldspat, Quarz und Glimmer; bei der mechanischen Verwitterung entsteht Granitgrus, Härtlinge bilden markante → Klippen; typische Verwitterungsform ist die Wollsackverwitterung

Grauwacke: sandsteinartiges, zumeist dunkelgraues → paläozoisches → Sedimentgestein; charakteristisch ist ein Anteil an Gesteinsbruchstücken (Quarzite, Tonschiefer u. a.)

Hornfels: dichtes, zähes Gestein mit horniger Bruchfläche, von grauer, bläulich oder bräunlich schwarzer Farbe und verschiedener, vom Ausgangsgestein abhängiger Mineralzusammensetzung; in der inneren Zone von → Kontakthöfen entstanden

hydrothermal: Bildungsbereich während des Erstarrungsablaufes einer magmatischen Schmelze bei Temperaturen zwischen etwa 400 und 90 °C, wobei es sich um Ausscheidungen aus magmatischen Restlösungen handelt

Kalkspat: (Kalzit), gesteinbildendes Mineral (Kalziumkarbonat $CaCO_3$) der Kalksteine und Marmore, Bindemittel in Sandsteinen, tritt auch als Sinter oder Gangmineral auf

Kalkstein: vorwiegend aus Kalziumkarbonat ($CaCO_3$) bestehendes verbreitetes Sedimentgestein; Färbung weiß oder durch Nebengemengeteile bzw. organische Substanzen verschieden; wurde vorwiegend im Flachmeer unter tropischen bis subtropischen Bedingungen gebildet; durch die Wasserlöslichkeit des Kalksteins entstehen u. a. Karsthöhlen

Kalzit: → Kalkspat

Karbon: Periode im Erdaltertum (→ Paläozoikum), begann vor etwa 350 Mill. Jahren und dauerte etwa 65 Mill. Jahre an; wird auch als Steinkohlenformation bezeichnet

Klippe: vorwiegend aus Hanglagen aufragender, freistehender Felsen

Kontakthof Bereich um magmatische Körper, innerhalb dessen Nebengesteine von der → Kontaktmetamorphose beeinflußt wurden

Kontaktmetamorphose: lokale und statische Umwandlung von Gesteinen durch die Abgabe der Wärme eindringender Magmen; die chemische Zusammensetzung der Nebengesteine wird verändert

Kreide: letzte Periode des Erdmittelalters (Mesozoikum), begann vor etwa 140 Mill. Jahren und dauerte ca. 75 Mill. Jahre an

Kulm: Begriff für stark heterogene, überwiegend klastische Bildungen im oberen → Devon und im → Karbon

Magma: natürlich vorkommende Gesteinsschmelze mit wechselndem Gehalt an Gasen; ist bei hohen Temperaturen völlig flüssig. Die durch Erstarrung des Magmas entstandenen Gesteine heißen magmatische Gesteine, so z. B. auch der Granit. Beim Aufstieg des Magmas werden die Nebengesteine durch → Kontaktmetamorphose beeinflußt.

mikropegmatitischer Granit: → Granit von mittlerem bis kleinem Korn und Neigung zu porphyrischer Struktur; charakteristisch ist die Verwachsung von kleinen Quarzstengeln in und mit den Feldspatkristallen

Oryktognosie: alte Bezeichnung für die heutige Mineralogie

Paläozoikum: Bezeichnung für das Erdaltertum, das die Perioden Kambrium, Silur, → Devon, → Karbon und Perm umfaßt

Pinge: oder auch Binge; bergmännisch, heute für Einbrüche an der Erdoberfläche durch unter Tage aufgefahrene Hohlräume; früher auch für kleine Tagebaue größerer Tiefe

Pluton: Bezeichnung für Tiefengesteinskörper; die aufgestiegenen Magmen haben die Erdoberfläche nicht erreicht, z. B. die Granitplutone des Brockens und des Rambergs

Phorphyr: Ergußgestein, in dessen verschieden gefärbter Grundmasse Kristalle von Quarz, Feldspat und Glimmer eingelagert sind

Quartär: jüngste Periode der Erdneuzeit (Känozoikum), die seit etwa 1,5 Mill. Jahren andauert.

Quarz: gesteinsbildendes Mineral, Siliziumoxid (SiO_2); umfaßt verschiedene Modifikationen, wie Bergkristall, Rauchquarz, → Amethyst, Achat, Feuerstein, Charlzedon, Jaspis u. a.

Quarzit: metamorphes Gestein mit vorherrschendem Quarzgehalt, vor allem aus → Sandsteinen entstanden, tritt morphologisch oft als Härtling auf

Sandstein: durch ein toniges, karbonatisches, kiesliges oder eisenreiches Bindemittel verfestigte Sande, die im wesentlichen aus → Quarzkörnern bestehen

Schiefer: Sammelbezeichnung für metamorphe, geschieferte Gesteine (→ Schieferung); vor allem → Tonschiefer, kristalline Schiefer

Schieferung: durch tektonischen oder Auflagerungsdruck bei meist erhöhten Temperaturen dem Gestein nachträglich aufgeprägte Spaltbarkeit in mehr oder weniger ebene, senkrecht zur Druckrichtung orientierte Platten

Schotter: Lockergestein, synonym für Kies oder Geröll

Sedimentgestein: entsteht durch die Ablagerung verwitterter Gesteine (Sedimente), als Transportmittel fungieren Wasser, Luft oder Eis

Serpentinit: ein aus olivinreichen Tiefengesteinen, wie Peridotit oder Pyroxenit, entstandenes metamorphes Gestein

Streichen: Bestimmungselement der Lage einer Gesteinsfläche oder Kluft im Raum; man versteht darunter die Richtung der Horizontalen auf einer geneigten Gesteinsfläche, angegeben als Himmelsrichtung oder Winkel zwischen der Streichlinie und Magnetisch-Nord; bestimmte Streichrichtungen sind für bestimmte Gegenden oder tektonische Komplexe so typisch, daß sie mit Eigennamen belegt sind, z. B. die herzynische Richtung, die etwa dem Verlauf des Harz-Nordrandes entspricht (Nordwest nach Südost)

Tertiär: ältere der beiden Perioden der Erdneuzeit (Känozoikum), begann vor etwa 65 Mill. Jahren und endete vor etwa 1,5 Mill. Jahren mit dem Beginn des → Quartärs

Teufe: bergmännisch für Tiefe

Tonschiefer: durch Schieferung mit einer tektonischen Spaltbarkeit versehener ehemaliger Tonstein

vakiskische Gebirgsbildung: Zeitraum tektonischer Bewegungen vom Oberdevon bis zum Ende des → Paläozoikums, in dessen Ergebnis das variskische Gebirge entstand

Vergrusung: Prozeß der Verwitterung, z. B. von Granit zu einem eckig-kantigen, kiesähnlichen Material (Grus)

Zechstein: jüngere Epoche des Perm (→ Paläozoikum), begann vor etwa 235 Mill. Jahren und dauerte etwa 10 Mill. Jahre an

Literatur

Manfred Bornemann, Ilfeld – Goethes erste Station im Harz. In: Unser Harz, 11/1977, S. 215 f.

K. Bürger, Goethe und die Baumannshöhle. In: Goethe und der Brocken. Sonderdruck der Zeitschrift des Harzvereins für Geschichte und Altertumskunde. Wernigerode 1928, S. 45–51.

K. Bürger, Goethe in der Baumannshöhle. In: Der Harz, 5/1932, S. 67 f.

F. Dahlgrün / O. H. Erdmannsdörffer / W. Schriel, Geologischer Führer durch den Harz. Teil I: Oberharz und Brockengebiet. Berlin 1925.

Rolf Denecke, Goethes Harzeisen. Hildesheim 1980.

Friedrich Dennert, Neues zu Goethes Harzreisen. In: Unser Harz, 4/1958, S. 5f.

Friedrich Dennert, Goethe und der Harz. Quedlinburg 1927.

Friedrich Dietert, Goethe im Harz. Wernigerode/Chorin 1920.

Walter Dietze, Johann Wolfgang Goethe. (Tradition und Gegenwart – Weimarer Schriften. Heft 3). Weimar 1982.

Johann Peter Eckermann, Gespräche mit Goethe in den letzten Jahren seines Lebens. Hrsg. von H. H. Houben. Berlin 1922.

Wolf von Engelhardt, Goethes Beschäftigung mit Gesteinen und Erdgeschichte im ersten Weimarer Jahrzehnt. In: Genio huius loci: Dank an Leiva Petersen. Wien – Köln – Graz 1982, S. 169–204.

A. Friedrich, Auf Goethes Spuren in und um Clausthal-Zellerfeld. In: Der Harz, 5/1932, S. 70–74.

Goethe und der Brocken. Sonderdruck der Zeitschrift des Harzvereins für Geschichte und Altertumskunde. Wernigerode 1928.

Goethes Sammlungen zur Mineralogie, Geologie und Paläontologie. Katalog. Bearbeitet von Hans Prescher. Berlin 1978.

Friedrich Gottschalk, Taschenbuch für Reisende in den Harz. Magdeburg 1806, S. 196.

W. Grosse, Goethe und der Brocken. In: Der Harz, 10/1927, S. 169–172.

Der Harz – Meyer Reiseführer. Leipzig 1902.

Der Harz – Reisehandbuch. Leipzig 1982.

Walther Herrmann, Goethe und Trebra – Freundschaft und Austausch zwischen Weimar und Freiberg 1955.

W. Herse, Goethe in Wernigerode. In: Der Harz, 3/1932, S. 34 f.

W. Herse, Goethe in Wernigerode. In: Unser Harz, 11/1977, S. 217–219.

Karl Hoppe, Goethes winterliche Brockenbesteigung 1777. In: Unser Harz, 1/1957, S. 4–6.

Hermann Kindt [u. a.], Goethes Harzerlebnis. Goslar 1949.

Eberhard Klössel, Goslar und der Rammelsberger Bergbau. In: Erzmetall, 12/1986, S. 591–604.

Fritz A. Köber, Auf Goethes Spuren. Das Wolkenhäuschen auf dem Brocken. In: Unterm Brocken – Heimatzeitschrift des Kreises Wernigerode, 10/1960, S. 298–301.

W. E. Koerber, Der Eisenerzbergbau im Mittelharz und seine Entwicklung. In: Der Harz. Eine Landschaft stellt sich vor, 2/1979, S. 18–21.

Oskar Kuhn, Goethes Naturforschung. München 1982.

Gerhard Laub, Zu Goethes Sammlung von Felszeichnungen aus dem Harz. In: Der Aufschluß, 4/1973, S. 142–153.

Gerhard Laub, Zu Goethes Bergbaustudien im Harz. In: Unser Harz, 11/1977, S. 207–211.

Gerhard Laub, Goethes mineralogische und petrographische Studien am Beispiel seiner Sammlungen aus dem Harzgebiet. In: Harz-Zeitschrift 1982, S. 127–132.

Günter Möbus, Abriß der Geologie des Harzes. Leipzig 1922.

Friedrich von Müller, Unterhaltungen mit Goethe. Weimar 1982.

Carl-August Pfeffer, Goethes erste Brockenbesteigung am 10. Dezember 1777. In: Unser Harz, 11/1977, S. 203–206.

W. Reinelt, Goethe im Harz. In: Unterm Brocken – Heimatzeitschrift des Kreises Wernigerode, 10/1962, S. 311–317.

K. W. Sanders, Am Altar der Schöpfung. In: Goethes Harzerlebnis. Goslar 1949, S. 57–71.

Walter Schriel, Die Geologie des Harzes. Hannover 1954.

Max Semper, Die geologischen Studien Goethes. Leipzig 1914.

Max Steenbeck, Über Goethe als Naturforscher. In: Informationen der Nationalen Forschungs- und Gedenkstätten der klassischen deutschen Literatur in Weimar, IV/1981, S. 2.

Kurt Steenbuck, Friedrich Wilhelm Heinrich von Trebra, Johann Wolfgang von Goethe und die Societät der Bergbaukunde. In: Erzmetall, 12/1986, S. 605–613.

Ulrich Sucker / Wolfram Voigt, J. W. Goethe als Naturwissenschaftler. Leipzig 1979.

F. Tenner, Auf Goethes Spuren. In: Der Harz, 6/1922, S. 93 f.

F. W. H. von Trebra, Lebensverhältnisse mit Trebra. In: Goethe-Jahrbuch. Bd. 9, Frankfurt/M. 1988, S. 11–20.

Heinrich Veith, Deutsches Bergwörterbuch. Breslau 1871.

C. Volk, Die Brockenhäuser 1736 bis 1932. In: Der Harz, 2/1932, S. 22–30.

Anmerkungen

Alle Zitate wurden entsprechend heutiger Orthographie und Interpunktion behutsam modernisiert.

Texte aus Goethes Werken, Briefen und Tagebüchern werden zitiert nach: Goethes Werke. Hrsg. im Auftrage der Großherzogin Sophie von Sachsen. Weimar 1887–1919 (Weimarer Ausgabe). Abteilung I: Poetische Werke und Schriften; Abteilung II: Naturwissenschaftliche Schriften; Abteilung III: Tagebücher; Abteilung IV: Briefe (Sigle: WA). Der Nachweis erfolgt durch Angabe von Abteilung, Band, Seite im laufenden Text.

1 Friedrich Dennert, Neues zu Goethes Harzreisen. In: Unser Harz, 4/1958, S. 5 f.

2 Friedrich Gottschalk, Taschenbuch für Reisende in den Harz. Magdeburg 1806, S. 196.

3 Vgl. A. Friedrich, Auf Goethes Spuren in und um Clausthal-Zellerfeld. In: Der Harz, 5/1932, S. 70–74.

4 Zitiert nach: Walther Herrmann, Goethe und Trebra – Freundschaft und Austausch zwischen Weimar und Freiberg. Freiberg 1955, S. 49.

5 F. W. H. von Trebra, Lebensverhältnisse mit Trebra. In: Goethe-Jahrbuch. Bd. 9, Frankfurt/M. 1888, S. 18 f.

6 Herrmann, Goethe und Trebra, S. 113.

7 Ebenda, S. 116.

8 Zitiert nach: Friedrich, Auf Goethes Spuren in und um Clausthal-Zellerfeld, S. 73.

9 Zitiert nach: Eberhard Klössel, Goslar und der Rammelsberger Bergbau. In: Erzmetall, 12/1986, S. 597.

10 Zitiert nach: Herrmann, Goethe und Trebra, S. 58.

11 Vgl. WA II 10, 140 f.; II 13, 292–295.

12 Der ehemalige Siebenbrüderfelsen im Bodetal zwischen den heutigen Gaststätten ›Hirschgrund‹ und ›Waldkater‹ erhielt am 28. August 1949, dem 200. Geburtstag Goethes, den Namen Goethefelsen. An seinem Fuße wurde aus diesem Anlaß eine Plakette mit Goethes Abbild enthüllt.

13 Max Steenbeck, Über Goethe als Naturforscher. In: Informationen der Nationalen Forschungs- und Gedenkstätten der klassischen deutschen Literatur in Weimar, IV/1981, S. 2.

14 Goethes Sammlungen zur Mineralogie, Geologie und Paläontologie. Katalog. Bearbeitet von Hans Prescher. Berlin 1978, S. 172.

15 Ebenda.

16 Ebenda.

17 Vgl. Klössel, Goslar und der Rammelsberger Bergbau.

18 Vgl. Rolf Denecke, Goethes Harzreisen. Hildesheim 1980, S. 123.

19 Vgl. Walter Schriel, Die Geologie des Harzes. Hannover 1954, S. 75.

20 Goethes Sammlungen zur Mineralogie, Geologie und Paläontologie, S. 170.

21 Ebenda, S. 172.

22 Vgl. Gerhard Laub, Zu Goethes Sammlung von Felszeichnungen aus dem Harz. In: Der Aufschluß, 4/1973, S. 142–153.

23 Vgl. ebenda.

24 Goethes Sammlungen zur Mineralogie, Geologie und Paläontologie, S. 165.

25 Vgl. Laub, Zu Goethes Sammlung von Felszeichnungen aus dem Harz.

26 Vgl. ebenda.

27 Goethes Sammlungen zur Mineralogie, Geologie und Paläontologie, S. 165.

28 Ebenda, S. 172.

Verzeichnis der Abbildungen

Umschlag, vorn:

Wernigerode und der Brocken
Gouache über Lithographie von J. H. Bleuler, um 1829
49,0 × 68,0 cm
Staatliche Schlösser und Gärten Potsdam-Sanssouci

Umschlag, hinten:

Tisch mit Steinplatte von der Rehberger Klippe
Goethes Gartenhaus in Weimar, Schlafzimmer

Abb. 1

Perspektivische Darstellung Blocken oder Bloksbergs
Kolorierter Stich von L. S. Bestehorn, 1732
49,0 × 57,0 cm
Feudalmuseum Schloß Wernigerode

Abb. 2

Vue de Brocken ou de Blocksberg
Kolorierter Stich von J. Morino
22,7 × 32,7 cm
Goethe-Nationalmuseum Weimar

Abb. 3

Brocken im Mondlicht
Kohlezeichnung von J. W. Goethe, 1777
31,0 × 53,0 cm
Goethe-Nationalmuseum Weimar

Abb. 4

Das Brocken-Wirtshaus auf der Heinrichshöhe
Kolorierter Stich von L. Besemann, 1790
20,0 × 26,0 cm
Feudalmuseum Schloß Wernigerode

Abb. 5

Der Oderteich vom Oderdamme gesehn
Kupferstich (XV) aus: Tageblätter unsrer Reise in und um den Harz. Hrg. von C. G. Horstig. Dresden 1803
14,3 × 9,2 cm

Abb. 6

Ansicht des Rehberger Grabens vom Oderdamme
Kupferstich (XVI) aus: Tageblätter unsrer Reise in und um den Harz. Hrsg. von C. G. Horstig. Dresden 1803
14,3 × 9,2 cm

Abb. 7

Ansicht der Bergstadt Wildemann
Kupferstich (III) aus: Tageblätter unsrer Reise in und um den Harz. Hrsg. von C. G. Horstig. Dresden 1803
14,3 × 9,2 cm

Abb. 8

Gipsklippe bei Osterode
Bez.: »Gipsklippe bey Osterode«
Bleistift- und Tuschzeichnung, laviert, von G. M. Kraus, 1784
36,7 × 50,1 cm
Goethe-Nationalmuseum Weimar

Abb. 9

Gipsklippe bei Osterode
Bez.: »Gyps Klippe bey Osterode«
Bleistift- und Kreidezeichnung, tuschlaviert, von G. M. Kraus, 1784
36,4 × 52,4 cm
Goethe-Nationalmuesum Weimar

Abb. 10

Grauwacke bei Wildemann
Bez.: »Graue Wacke beym Wildenmann«
Kreidezeichnung von G. M. Kraus, 1784
33,5 × 53,4 cm
Goethe-Nationalmuseum Weimar

Abb. 11

Der Hübichenstein
Kreidezeichnung von G. M. Kraus, 1784
50,4 × 37,7 cm
Goethe-Nationalmuseum Weimar

Abb. 12

Die Hanskühnenburg
Bez.: »Hans Kuehnen Burg«
Kreidezeichnung von G. M. Kraus, 1784
40,9 × 53,0 cm
Goethe-Nationalmuseum Weimar

Abb. 13

Der Rammelsberg bei Goslar
Bez.: »Rammelsberg bey Goslar«
Bleistiftzeichnung von G. M. Kraus, 1784
19,0 × 32,6 cm
Goethe-Nationalmuseum Weimar

Abb. 14

Schieferbruch bei Goslar
Bez.: »Schieferbruch bey Goslar«
Bleistiftzeichnung von eventuell J. W. Goethe, 1784
20,4 × 33,3 cm
Goethe-Nationalmuseum Weimar

Abb. 15

Die Klause bei Goslar
Bez.: »die Clause bey Goßlar«
Kreide- und Tuschzeichnung, laviert, von G. M. Kraus, 1784
29,5 × 45,1 cm
Goethe-Nationalmuseum Weimar

Abb. 16

Kieselschieferklippe an der Oker
Bez.: »Okerthal«
Kreidezeichnung von G. M. Kraus, 1784
42,8 × 53,1 cm
Goethe-Nationalmuseum Weimar

Abb. 17

Der Treppenstein an der Oker
Bez.: »Treppenstein an der Oker«
Bleistift- und Kreidezeichnung, tuschlaviert, von G. M. Kraus, 1784
32,0 × 19.5 cm
Goethe-Nationalmuseum Weimar

Abb. 18

Granitklippe im Okertal
Kreidezeichnung von G. M. Kraus, 1784
38,7 × 46,7 cm
Goethe-Nationalmuseum Weimar

Abb. 19

Granitklippe im Okertal
Bez.: »Okerthal«
Kreidezeichnung von G. M. Kraus, 1784
59,2 × 42,5 cm
Goethe-Nationalmuseum Weimar

Abb. 20

Teufelskanzel auf dem Brocken
Bez.: »Teufels Canzel und Hexen Altar auf dem Broken«
Kreidezeichnung von G. M. Kraus, 1784
27,5 × 42,1 cm
Goethe-Nationalmuseum Weimar

Abb. 21

Hexenaltar auf dem Brocken
Bleistift- und Kreidezeichnung, tuschlaviert, von G. M. Kraus, 1784
17,9 × 28,0 cm
Goethe-Nationalmuseum Weimar

Abb. 22

Der Ahrensklint
Bez.: »A K«
Kreidezeichnung von G. M. Kraus, 1784
34,6 × 23,6 cm
Goethe-Nationalmuseum Weimar

Abb. 23

Der Ahrensklint
Bez.: »A K«
Bleistiftzeichnung von G. M. Kraus, 1784
41,7 × 35,0 cm
Goethe-Nationalmuseum Weimar

Abb. 24

Feuersteinklippen
Bez.: »Wernigröter Feuerstein«
Bleistift- und Kreidezeichnung von G. M. Kraus, 1784
50,5 × 39,8 cm
Goethe-Nationalmuseum Weimar

Abb. 25

Die Schnarcherklippen
Bez.: »Schnarcher«
Kreidezeichnung von G. M. Kraus, 1784
49,0 × 39,3 cm
Goethe-Nationalmuseum Weimar

Abb. 26

Bei der Susenburg
Bez.: »bey der Susenburg an der Oker«
Kreidezeichnung von G. M. Kraus, 1784
35,4 × 50,9 cm
Goethe-Nationalmuseum Weimar

Abb. 27

Felsen der Susenburg
Bez.: »Susenburg 7. Sept. 84«
Bleistift- und Kreidezeichnung, tuschlaviert, von J. W. Goethe, 1784
26,3 × 41,5 cm
Goethe-Nationalmuseum Weimar

Abb. 28

Eisensteingrube
Bleistift- und Kreidezeichnung von G. M. Kraus, 1784
38,0 × 47,0 cm
Goethe-Nationalmuseum Weimar

Abb. 29

Im Bodetal
Bleistift- und Kreidezeichnung von G. M. Kraus, 1784
54,1 × 42,3 cm
Goethe-Nationalmuseum Weimar

Abb. 30

Granitfelsen im Bodetal
Bez.: »von der Roßtrapp«
Kreidezeichnung von G. M. Kraus, 1784
56,7 × 44,5 cm
Goethe-Nationalsmuseum Weimar

Abb. 31

Felstürme der Teufelsmauer
Bez.: »Teufelsmauer bey Thalen nach Quetlinburg«
Kreidezeichnung von G. M. Kraus, 1784
43,1 × 59,2 cm
Goethe-Nationalmuseum Weimar

Abb. 32

Eingang der Baumannshöhle
Bez.: »Eingang der Baumanns Höhle«
Kreide- und Tuschzeichnung, laviert, von G. M. Kraus, 1784
20,8 × 33,8 cm
Goethe-Nationalmuseum Weimar

Abb. 33

Inneres der Baumannshöhle
Bleistift- und Kreidezeichnung, tuschlaviert, von G. M. Kraus, 1784
50,5 × 36,3 cm
Goethe-Nationalmuseum Weimar

Abb. 34

Festung auf dem Regenstein
Bez.: »Festung auf dem Regenstein«
Kreidezeichnung von G. M. Kraus, 1784
20,3 × 33,3 cm
Goethe-Nationalmuseum um Weimar

Abb. 35

Höhlen auf dem Regenstein
Bez.: »Höhlen auf dem Regenstein«
Kreidezeichnung von G. M. Kraus, 1784
20,1 × 33,2 cm
Goethe-Nationalmuseum Weimar

Die Karte ist eine Reproduktion aus dem »Taschenbuch für Reisende in den Harz« von F. Gottschalck (2. verbesserte Auflage, Heinrichshofen-Magdeburg 1817)

Ortsregister

Inhalt

Umschlag Vorderseite · Wernigerode und der Brocken

Umschlag Rückseite · Steinplatte von der Rehberger Klippe

ISBN 3-7443-0072-9

© 1989 Nationale Forschungs- und Gedenkstätten
der klassischen deutschen Literatur in Weimar
Ag 516 15 89 LSV 8020
Redaktion: Reiner Schlichting
Gestaltung: Helmut Simon
Herstellung: Druckhaus Weimar
Printed in the German Democratic Republic
Bestell-Nr.: 801 772 5
01800